KB261662

에너지 자원의 위기와 미래

조윤수 지음

일진사

추천의 글

추천사 부탁을 받고 에너지와 관련한 책을 여러 권 들추어보니 대부분 전문서적에 가까워서 일반인들이 접하기가 쉽지 않다는 생각을 하게 되었다. 에너지는 우리 생활과 매우 밀접하게 연관되어 있지만 대부분의 사람들이 이해하기가 쉽지 않다. 이러한 상황에서 조윤수 총영사가 미국에서의 근무 경험을 바탕으로 일반인들이 알기 쉽게 쓴 책을 발간하게 되어 기쁘게 생각한다.

조 총영사가 근무하였던 텍사스 주는 미국뿐만 아니라 세계의 에너지 중심지이다. 따라서 화석에너지 및 풍력에너지와 관련된 세계적인 기업들이 진출하고 있는 곳이다. 나는 주 미국 대한민국 대사로 재임하는 기간 중에 워싱턴에서뿐만 아니라 텍사스 현지를 둘러보고 브리핑을 받기도 하였다. 조 총영사가 만난 사람들이 에너지의 경륜 있는 전문가이고 근무한 지역이 세계 에너지의 현장이라고 하여도 과언이 아니다.

국제사회에서 우리에게 기대하는 바가 더욱 높아지고 있다. 개발도상국의 발전이나 기아해결뿐만 아니라 선진국의 국제금융과 핵 안보문제에 대하여 선진국으로 다가가고 있는 우리의 경험과 지원을 바라고 있다. 이러한 국제사회의 요청에 부응하여 우리나라는 핵안보정상회의, 개발도상국 지원회의, G-20 정상회의를 개최하고 또한 유엔안보리 비상임이사국으로 진출하여 국제문제를 해결하기 위한 노력을 기울이고 있다.

여기에서 빼놓을 수 없는 중요한 과제가 지구온난화와 에너지 문제이다. 산업혁명 이후 진행된 온난화 현상으로 지구의 온도가 지난 200년간 꾸준히 상승하였고 이러한 추세가 지속된다면 지구 곳곳에서 자연재해가 속출할 것이다. 그러나 개발도상국이 기후 변화를 이유로 경제성장을 늦추지는 못할 것이며 또한 전 세계의 인구가 계속 증가하고 있어 지구온난화를 유발하는 화석 에너지의 사용이 더 늘어나리라는 것이 인류의 고민이다. 우리나라도 이러한 국제사회의 어려움을 다른 나라들과 협력하여 풀어나가야 한다. 한국무역협회 역시 지구온난화 문제와 경제성장을 동시에 해결해야 하는 난제를 직시하여 인천시가 녹색기후기금(Green Climate Fund)을 유치하는데 크게 일조하였다.

이제 우리나라가 녹색에너지 부문에서 선도적인 역할을 해야 하기에 우리 스스로 환경문제뿐만 아니라 에너지에 대하여 어느 정도 지식이 필요하다. 우리나라는 화석에너지의 대부분을 외국에 의존하고 있어 매년 원활한 전력수급이나 에너지 공급에 촉각을 곤두세우고 있고 앞으로도 그러할 것이다. 부족한 에너지원 문제를 정부만이 해결해 나가기는 어려우며 국민의 이해와 지지가 필요하다. 이를 위하여 에너지가 어떻게 생산되고, 중·장기적으로 에너지원을 어떻게 배합하는 것이 바람직하며, 정부의 어떠한 역할이 필요한지 등 에너지 흐름에 대하여 국민 개개인이 알 필요가 있으나 에너지 자원이 없는 우리로서는 이를 이해하기는 쉽지가 않다. 신재생에너지 비중을 더 높이기 위한 기술개발 및 정부의 지원 필요성과 원자력 에너지와 관련한 안전성 문제에 대한 기술적인 설명이 나오게 되면 머리가 어지러울 뿐이다.

그러나 조윤수 총영사는 이러한 주제를 폭넓게 다루고 있을 뿐만 아니라 무엇보다 쉽게 쓰고 있어 누구라도 부담 없이 그의 글을 읽으면서 자신의 생각을 가다듬을 수 있을 것으로 본다. 에너지의 역사, 에너지원의 생성과 발전, 다른 나라에서의 에너지 현황, 에너지 정책의 방향 등에 대하여 현장에서 보고 전문가를 만나 얻은 경험을 생생하게 적어 내려갔다. 딱딱한 주제를 꼼꼼하게 기록한 후 편안하게 되새김질한 조 총영사의 열정과 외교관으로서의 책임감을 격려하면서 에너지에 관심 있는 사람이면 재미있게 읽어볼 만한 책이라고 자신 있게 권한다.

한 덕 수 한국무역협회 회장
전 국무총리, 전 주미 대사

머리말

2011년 어느 날 갑자기 전기가 끊어지고, 2012년엔 전력이 부족하여 한여름에 짜증 날 정도로 무더위를 참아야 했던 기억이 있다. 이번 겨울도 전력 수급에 비상이다. 외국의 사례를 본다면, 2010년 멕시코 만 심해저에서 일어난 폭발사고로 남한 크기의 기름 덩어리가 누출되어 바다를 옮겨 다녔다. 2011년에는 후쿠시마 원전사고로 원자력에 대한 불신이 전 세계적으로 높아져 일부 국가는 원자로 폐기를 선언하기도 하였다. 석유, 가스 등 1차 에너지원과 이를 통하여 만든 2차 에너지원인 전기가 부족한 상황은 오늘내일에 그칠 일이 아니다. 앞으로도 단전과 에너지 사고가 예기치 못하게 일어날 가능성이 있다.

이러한 가운데 2011년 우리의 에너지 수입액은 1,710억 달러로서 전체 수입액의 3분의 1에 이른다. 우리의 주력 수출 상품인 반도체 · 선박 · 자동차 · 휴대폰 수출액을 다 합친 금액에 버금갈 정도이다. 에너지 수입비중이 96.5%에 달하면서도 아쉽게도 우리는 에너지에 관하여 거의 모른다. 뿐만 아니라 어떻게 접근해야 하는지 막막하기만 하다.

나 역시 예외가 아니었다. 에너지의 세계 수도라는 별칭이 붙은 미국 4대 도시인 휴스턴에서 근무하기 전까지 에너지에 대하여 아는 것이 거의 없었다. 2009년 도착하여 미국 텍사스 주의 주요 기업인을 만나다 보니 많은 사람이 에너지 분야에 관여하고 있다는 사실을 알게 되었다. 휴스턴 근교만 해도 3,600여 개의 미국 및 국제 에너지 기업이 있었고 거의 매주 중요한 에너지 회의나 학술교류가 개최되고 있었다.

전 세계의 에너지 전문 인력이나 정보 그리고 돈이 몰려 있는 지역임에도 우리는 그곳에 없었다. 정부가 에너지를 국책사업으로 내걸고 수십 개의 공관을 에너지 거점으로 지정하였으나 에너지의 수도인 휴스턴은 빠져 있었다. 우리 기업이 일부 진출하고 있었지만, 정보를 수집하는 사무실을 열어두는 정도였다. 에너지 문제를 다루는 정책담당자나 투자를 하거나 기술을 도입하는 우리 기업인의 방문은 거의 없었다. 우리는 그만큼 에너지에 관한 세계의 흐름을 몰랐다.

미국의 기업인이나 주요 정책담당자와 접촉하고 협의하기 위해 에너지에 대해 알아야 하겠다는 생각으로 우리말로 쓰인 책을 국내에서 구하고자 노력했다. 그러나 전문적이거나 기술적인 서적뿐이었다. 에너지의 흐름이나 정책을 다룬 책이 거의 없다보니 공학 분야를 공부하지 않은 일반인이 에너지를 이해하기에는 너무나 어려웠다. 일부 전문가들의 전유물이 되어 있는 상황이다. 전문가들 역시 자신들의 분야만 다룰 뿐 전반적인 흐름이나 정책을 다루지 않았다. 에너지를 전체적으로 안내할 수 있는 책은 지금도 없다고 하여도 과언이 아니다.

우리가 얼마나 에너지의 흐름에 대하여 모르고 있었는지 대표적으로 보여 주는 예가 셰일가스이다. 2009년 전후하여 셰일가스는 에너지의 화두가 되어 있었다. 셰일가스가 세계 에너지 구도를 바꾸게 되리라는 것이 확실하게 되면서 주요 선진국들이 기술 확보를 위하여 앞다투어 미국에 진출하고 있었다. 하지만 우리에게는 그 용어조차 생소하였다. 우리 기업인들에게 셰일가스를 이야기하면 그것이 무엇인가 할 정도이었으니 왜 중요하고 우리가 어떻게 대응하여야 하는 것은 언감생심이었다. 국내 기업인을 초청하여 회의를 개최하는 등 여러 경로를 통하여 셰일가스의 중요성을 부산히 알리고자 노력하였다. 3년이 지나 2012년이 되어서야 언론에서 심도 있게 보도하기 시작하였다. 그러나 아직도 셰일가스만 다룰 뿐, 다른 에너지원에 비추어 분석하거나 다른 국가에서의 동향을 파악하지는 못하고 있다. 우리는 그만큼 늦고 에너지에 대하여 어떻게 접근하여야 하는지 잘 모르고 있다.

3년의 근무를 마치고 서울로 돌아왔을 때 두드러지게 보인 것은 자동차였다. 기름 한 방울 나지 않는 국가에서 중형차량이 거리를 누비고 있었다. 미국의 오바마 대통령 인기가 가장 떨어졌을 때가 실업률이 10%에 육박하던 2010년 하반기와 유가가 갤런당 4달러(리터당 약 1,200원)를 웃돌던 2011년 5월이었다. 그 당시 높은 유가로 인해 텍사스에서도 출퇴근 차량을 여러 사람이 공유하던 사회적 움직임이 일어났다. 그런데 우리는 유가가 리터당 2,000원을 웃돌아 아우성이면서도 거리에는 차량 혼잡이 줄이들지 않았다.

영국은 북해 유전에서 석유를 캐내고 있는 산유국이지만 중형차가 아닌 소형차나 치약을 연상시킬 정도로 비좁은 지하철이 주요 교통수단이 되고 있다. 유럽 경제를 주도하고 있는 독일의 어느 도시에서나 자전거로 출퇴근하는 직장인이 많아 자전거가 교통수단의 13%를 차지하고 있다. 에너지를 생산하고 절약하고 있는 나라에서도 유가가 우리보다 높은 현실을 고려할 때, 과연 우리의 유가 수준이나 중형차량 위주의 교통수단이 합리적일까 하는 의문을 가지게 된다.

베를린에 소재한 독일 외무부 건물은 19세기 말과 20세기 초 독일 제국 시절 중앙은행 건물이었고, 1945년부터 1990년 동서독 통일 이전까지 동독 권력의 가장 핵심부였던 공산당 중앙위원회가 위치하였던 곳이다. 독일 외교관의 안내로 이 웅장한 건물에 처음 들어갔을 때 복도 천정의 전등이 간간이 켜져 있어 음침하다는 인상을 지울 수 없었다. 밖은 화창하나 안은 어두컴컴하여 공산당의 잔영이 아직도 남아 있다는 부정적인 느낌이 들었다. 사무실 안으로 들어가니 서류를 볼 수 있을 정도의 탁상 전등만 켜져 있어 더욱 어둡고 답답하였다. 이후 여러 차례 방문하면서 사무실마다 차이가 있었지만, 전체적으로 어둡다는 인상을 받았다. 외무부 내부가 어두침침한 것에 의아해했으나 이것이 에너지를 절약하기 위한 노력이었다는 것을 알게 된 것은 한참 후의 일이었다.

휴스턴에서 가까이 지냈던 노르웨이 총영사는 노르웨이가 환경과 에너지를 얼마나 중요하게 생각하는지에 대해 시간만 나면 설명하곤 하였다. 크지 않은 총영사관 건물이지만 환경주차장을 따로 만들어 하이브리드 차량 등이 우선 주차하도록 배려하고 있었다. 종이를 줄이는 것(paper-less)에 만족하기보다 종이를 사용하지 않는(paper-free) 수준으로까지 발전해 나가고 있음을 설명하고 책상 위의 서류가 거의 없음을 실제로 보여 주면서 이것도 친환경, 에너지 효율화 노력이라고 덧붙인다. 노르웨이는 2011년 일일 석유 생산량이 235만 배럴로 우리의 일일 소비량 220만 배럴을 초과하고 있음에도 에너지의 절약과 효율화가 생활화되어 있다.

선진국은 쫀쫀하다고 할 정도로 에너지를 절감하려는 노력을 기울이고, 높은 전기요금이나 휘발유 가격을 감수하더라도 환경친화적인 방향으로 나아가고 있다. 그런데 우리는 거리마다 24시간 네온사인이 휘황찬란하게 번쩍이는 것을 자랑스럽게 생각한다. 환경을 위하여 신재생에너지를 개발하고 원자력을 폐기하자고 하면서 중형 차량이 넘실대고 휘발유 가격은 내리라고 소리를 높이고 있다. 앞뒤가 맞지 않는 이야기이다.

나는 국제 에너지 동향을 눈여겨보고자 3년 동안 거의 매일 아침 「뉴욕타임스」(*The New York Times*), 「월스트리트저널」(*The Wall Street Journal*), 「파이낸셜타임스」(*Financial Times*), 「휴스턴크로니클」(*Houston Chronicle*)의 에너지 관련 논평을 읽었다. 에너지 관련 인사와의 접촉을 통하여 얻은 경험 때문인지, 아니면 어깨 넘어 듣고서 서당 개 3년이면 풍월을 읊게 되어서인지 같은 에너지 문제라도 언론에 따라 너무 다른 논조를 남방 느끼면서 무엇을 말하고자 하는지를 알게 되었다.

아마 많은 사람은 「뉴욕타임스」의 토마스 프리드만 기자나 노벨 경제학상을 받은 폴 크루그만 교수의 기사를 자주 접할 기회가 있었을 것이다. 이들의 명성이 높기에 어떤 주제라도 그 논지를 쉽게 받아들이고, 또한 인용하곤 한다. 이들이 에너지에 대하여 쓰는 관점은 명확하다. 지구 환경이 인간의 개발로 급속히 악화되고 있으며 이를 개선하기 위하여 정부가 세금을 더 거두어 재원을 마련한 후 화석에너지 대신 신재생에너지에 적극 투자하여 지구를 살리고 쾌적한 환경을 만들어야 한다는 것이다. 누구나 고개를 끄덕거릴 것이다. 나 역시 그러하였고 지금도 완전히 부정하는 것은 아니다.

그러나 보수 진영을 대표하는 월스트리트의 논객이나 에너지 전문가들이 쓰는 논조는 정반대이다. 정부가 개입하여 에너지 문제를 해결하지도 못하며 신재생에너지를 주장하는 환경론자의 의견은 현실을 고려하지 않은 이상일 뿐이라는 것이다. 이들은 환경론자들의 시각이 너무나 이상적이고, 실제 오바마 정부가 직면한 현실을 보면 비현실적인 면이 나타나고 있다는 주장이다. 정부채무가 2012년 2월 현재 10.6조 달러로 그 규모가 GDP의 70%에 이르고 실업률이 8%에 다다라 전후 가장 높은 수준에 와 있는데 신재생에너지에의 지원에만 중점을 두면 더 많은 재정적자를 감수하기 어렵다는 것이다. 그리고 화석에너지 산업이 그나마 고용 창출에 이바지하고 있으며, 신재생에너지 산업을 육성하기 위해서라도 중·장기적으로 에너지 비중(energy-mix)을 바꾸어야지 지금 현재 화석산업을 희생하는 것은 현실을 도외시한 정책이라고 비판한다.

나아가 에너지 소비량이 가장 높은 미국이 국제무대에서 목소리를 높일 처지도 되지 못한다는 주장도 간간이 접할 수 있었다. 가장 많은 이산화탄소를 배출하였고 현재도 1인 기준으로 가장 높은 배출량을 기록하고 있는 미국이 과연 다른 나라에 대하여 탄소세를 부과하거나 배출을 줄이라고 하면서 선도할 수 있겠는가 하는 의구심이 제기되곤 하였다. 에너지·환경 문제는 미국뿐만 아니라 일본, 독일 등에서도 중요한 정책 과제가 되고 있다.

미국에서 가장 많은 독자를 확보하고 있는 유에스에이투데이(*USA Today*)가 2012년 9월, 30주년 발간을 기념하는 특별기획 프로그램에서 향후 10년 동안 가장 중요한 세 가지 과제로 정부재정 균형, 학생들의 학습능력 향상과 함께 에너지 자립을 제기할 정도로 에너지는 국가운영의 축이 되고 있다. 2012년 미국 대선 과정에서도 에너지는 핵심 쟁점이 되어 오바마 대통령과 롬니 공화당 후보는 다른 정책방안을 제시한 바 있다. 오바마 대통령은 신재생에너지에 초점을 둔 반면, 롬니 후보는 기존 화석에너지의 개발에 중점을 두어 명확한 차이를 보였다. 오바마 대통령이 재선되어 신재생에너지에 대한 투자는 지속되겠지만 공화당과 기업의 반대도 만만치 않을 것이다. 양 후보가 의견일치를 본 셰일가스 개발은 보다 많은 개발이 이루어지겠지만 환경론자의 반대가 결코 적지 않다.

우리에게로 시각을 돌려보면, 엄청난 에너지를 사용하고 있지만 아쉽게도 에너지 문제에 대하여 진지하게 고민하고 있지 못한 실정이다. 대외 수입액 가운데 에너지가 차지하는 비중이 가장 높아 이를 완화해 나가고, 수입 대부분을 중동에 의존하는 구조를 개선해 나가는 방안에 대하여 고민해야 하지만 그렇지 못하고 있다. 화석에너지를 줄이고 신재생에너지를 개발하기 위해서 국민들의 동참이 필수적이다. 개개인이 에너지 소비를 줄이거나 효율화하여야 하는데 그 과정에서 불편함이 있게 된다. 이러한 불편함을 감수하기 위하여 우리 스스로 에너지에 대하여 이해할 필요가 있으나, 에너지 문제에 관하여 쓴 글들이 그렇게 와 닿지 않는다. 시중에서 에너지에 대하여 쓴 책이나 언론의 기고 내용을 보면 에너지 전체를 아우르는 글이 부족할 뿐만 아니라 내용도 어렵다. 원자력, 재생에너지 등 부문별 전문가의 기술적인 의견이 있지만 에너지 문제를 통틀어 이야기하는 책이 매우 드물고 어렵다. 이에 더하여 현장의 경험에 바탕을 둔 책보다는 머리로 쓴 책들뿐이다. 독자들이 이러한 한계를 극복하고 에너지 문제를 직시하는데 도움이 되기를 바라는 생각에서 휴스턴에 근무하는 동안 청취한 여러 의견과 세미나 등에서 토론한 결과를 바탕으로 이 책을 준비하였다.

　무엇보다 책의 내용을 충실하고 알기 쉽게 하기 위하여 다양한 사람을 만났다. 텍사스에서는 에너지 회사와 전문 인력이 집중되어 있고 에너지 회의도 수시로 열려 전문가들과의 교류가 어렵지 않았다. 이웃 사람들이 에너지 회사에서 잔뼈가 굵은 현장 전문가이었고, 여러 계기에 만난 많은 사람이 에너지 관계자였다. 에너지 문제를 좀 더 알아야 하겠다는 생각에서 세계 최대기업인 엑슨 모빌 회사의 국내외 가스영업을 책임지는 사장을 멘토로 삼았다. 그와 수십 차례 교류하면서 기초부터 자문을 받고, 또한 다양한 책도 소개받았다. 그는 자신의 전문지식도 제한적이며 자신의 시각이 에너지 회사, 그 가운데서도 대기업의 입장에 치우쳐 있는 점이 있는 만큼 환경론자나 중소기업의 시각은 나 자신이 알아서 가감하라는 조언도 아끼지 않았다. 이러한 이유로 이번 책에서는 어느 나라보다 미국의 사례가 많이 들어 있음을 사전에 독자의 양해를 구한다.

탐사 · 시추 · 개발 · 정유 · 판매 등 모든 연관 산업에 관여하는 국제석유기업 인사뿐만 아니라 탐사 · 시추 · 개발 등 상위 산업(Upstream)에만 전문화된 기업(독립기업이라고 하며 대표적인 기업으로는 아파치, 아나다르코 등이 있다)의 경영인과도 만나면서 국제석유기업과 독립기업이 투자 프로젝트에 접근하는 방법이 다르다는 것을 알게 되었다. 멕시코 만에서 원유가 유출되는 사고가 발생했을 때 미치는 파급효과에 대한 전문가의 평가를 구하였으며, 2014년 파나마 운하의 확장 공사가 완공될 경우 에너지 · 물류 변화 가능성에 대해서 토론하였다. 2011년 불과 세계 석유무역의 2%도 되지 않는 일일 160만 배럴의 리비아산 원유 수출이 중단되었다고 하여 국제 유가가 무려 20~30달러나 급등하는 이유가 무엇인지, 그리고 중국과 러시아가 그렇게 가까우면서도 10년 이상 실랑이를 하면서 가스 수출입에 대하여 합의를 이루지 못하는 이유도 알게 되었다.

엄청난 석유를 매장하고 있는 멕시코의 국내 유가가 오히려 높고, 아프리카 최대 산유국인 나이지리아에서는 휘발유를 사기 위하여 줄을 서야 하는 이유를 따라 가보았다. 적도 기니와 베네수엘라는 석유가 많이 생산되지만, 국민의 삶은 더욱 피폐해지고 있는 현실을 알게 되었다. 노르웨이와 영국은 북해유전에서 석유를 생산하고 있음에도 그 휘발유 가격이 우리와 비교하여 높다는 것을 통계 수치를 통하여 확인하였다. 이들 국가

가 신재생에너지를 생산하기 위하여 끈질기게 노력하는데 석유
자원이 없는 우리는 석유를 아낌없이 쓰고 있는 현실을 어떻게
개선해 나가야 하고, 또한 어떤 정책을 시행하는 것이 효과적
인가를 고민하였다.

우리는 에너지에 대하여 모르는 것을 부끄러워할 때가 아
니지만 그렇다고 하여 덮어두고 넘어가면 안 된다. 우리가 가
지고 있는 에너지에 관한 지식과 노하우는 국제석유기업에서
20~30년간 종사한 전문가에 비하여 너무나 많은 격차가 있
다. 우리는 산유국의 에너지 자원광구를 확보하는 것에 총력
을 기울이고 있으나 이에 못지않게 에너지 전문가를 키워야 한
다. 에너지 생산 현장이 거의 없다보니 에너지 전문 과정이라
고 하여도 이론적인 훈련에 초점이 맞추어져 있는데 우리 젊은
이들이 광구 현장과 에너지 거래 시장에서 직접 경륜을 쌓도록
지원하여야 한다. 이런 과정을 거쳐야 에너지 업계의 전반적인
공급체계(supply chain)를 이해할 수 있다. 그러나 해외에 투
자한 우리의 에너지 개발현장에서는 투자금 회수와 이윤에 초
점을 두어 현지 인력을 주로 사용할 뿐 우리의 젊은 인력이 많
이 투입되지 않고 있다. 기술을 습득하기에는 요원하다.

여러 현장을 다니면서 그리고 국제석유기업의 에너지 전문
가를 만나면서 느낀 것은 우리가 에너지를 이해하지 못하기 때
문에 에너지에 대하여 무감각하다는 것이다. 앞으로 폭넓은 시
각을 가진 경륜있는 에너지 전문가가 배출될 것으로 기대하지
만 아직은 경험이 부족하여 에너지 문제를 심도 있게 접근하지
못하고 있는 것이 현실이다. 이러한 문제점을 조금이라도 보완

하고자 나는 텍사스에서의 경험을 바탕으로 에너지에 전혀 접해 보지 못한 사람이라도 에너지 문제를 가능한 쉽게 이해하고 그 흐름을 좇아가는 데 도움이 될 수 있도록 이 책을 구성하였다. 이를 위하여 수십 년간 에너지 현장에서 일한 경험이 풍부한 기업인이나 에너지 문제를 실용적으로 연구한 학자들의 목소리를 이 책을 통하여 전달하는데 충실하고자 하였다.

이제는 에너지 문제를 직시할 때이다. 산유국이면서도 에너지 문제에 발목 잡힌 국가들, 즉 대부분의 개발도상국인 산유국뿐만 아니라 미국도 에너지 문제로 고민하고 있는 현실을 똑바로 보면서 타산지석으로 삼아야 한다. 석유가 나지 않음에도 에너지 정책을 일관성 있게 추진하고 신재생에너지와 원자력 에너지를 개발하고 있는 독일, 프랑스 등 유럽국가의 예를 잘 살펴보아야 한다. 이 책을 통하여 이러한 이야기를 담아내고자 한다.

2012년 12월 조 윤 수

Ⅰ. 에너지를 보는 눈

불편한 진실을 되새기다

카이로를 방문하였을 때의 기억이 아직도 새롭다. 고대 문명을 태동시켰던 지역이고 중동국가들을 대표하는 이집트의 수도를 방문하였기에 걸으면서 현장을 보고 싶었다. 그러나 도시의 심각한 스모그 현상으로 10분도 지나지 않아 목이 컬컬해지고 가슴이 답답하여 호텔로 돌아왔고, 나는 심한 감기몸살을 앓았다. 또한, 북경을 여러 차례 방문하였으나 그때마다 뿌연 하늘과 버스에서 내뿜는 스모그를 보았다. 거리를 걷는 것이 자살 행위에 가깝다는 생각까지 하였으며 지금도 중국 하면 열악한 환경을 연상하게 된다.

선진국이라고 예외는 아니다. 휴스턴에 체류하면서 환경의 변화를 심각하게 체험하였다. 유난히도 자연재해가 자주 일어나고 있어 사람들이 자연의 흐름을 파괴한 결과가 아닌가 하는 의심을 버릴 수 없었다. 미국 남부지역에서 2011년 발생했던 재난만 나열해 보아도 60년 만에 일어난 토네이도, 1920년대 이후 최대의 홍수, 비가 오지 않아 발생한 대규모 산불, 100년 만의 극심한 가뭄 등으로 자연의 움직임이 변하고 있다는 사실에 우려하게 된다.

알 고어 전 부통령이 제기한 '불편한 진실'이 현실화되는 것이 아닌가 하는 우려, 특히 지구의 온난화로 이러한 자연재해를 인간 스스로 불러일으키고 있다는 생각을 지울 수 없다. 이러한 재난을 가져온 근본적인 이유가 무엇일까? 배출된 이산화탄소가 지구에 막(膜)을 형성하여 열기가 지구 밖으로 배출되지 못한 데 있다는 것이 과학자들의 주장이다. 나아가 지구온난화의 주범인 이산화탄소가 과다하게 배출되는 원인이 화석에너지 사용에 있다고 한다. 이 경우 근본적인 해결방안은 간단해 보인다. 즉, 화석에너지를 사용하지 않거나 대폭 줄이는 것이다. 그러나 그렇게 간단하지 않다.

환경론자의 주장대로라면 석유와 가스가 재해의 원인이며 지구온난화의 주범이기도 하다. 그러나 과연 고어 부통령이 주장하는 바와 같이 화석연료를 없애고 신재생에너지로만 갈 수 있을까? 그럴 것 같지는 않다. 쾌적한 환경을 보존하고 건강한 삶을 살기 위하여 화석에너지 사용을 절제하는 것은 꼭 환경론자가 아니더라도 실행하여야 하는데 그렇지 못한 이유는 무엇일까?

1990년 리우 선언을 통하여 이산화탄소 배출을 억제하고자 하였던 규제적인 노력이 성과를 거두고 있지 못하다. 우리 역시 환경을 고려하는 녹색성장을 표방하고 있으면서도 우리 국민이 사용하는 1인당 에너지 수요가 어느 선진국보다도 앞서고 있는 현실을 어떻게 설명할까? 이산화탄소 배출 총량 측면에서 8위, 1인당 배출규모 4위, 그리고 국민총생산 대비 배출규모에 있어 5위인 우리가 환경을 중요시한다고 할 수 있을까? 에너지와 환경 문제를 정부의 구호나 환경론자의 주장으로만 받아들일 것인가?

휴스턴에서 만난 상당수 인사는 인류재앙의 원인이 되고 있는 화석에너지 회사의 고위인사들이었다. 에너지 기업과 전문가들이 휴스턴에 가장 많이 몰려 있는 이유는 간단하다. 휴스턴이 세계의 에너지 중심지로서 전 세계 에너지 회사들이 몰려 경쟁하고 있기 때문이다. 환경재앙의 주범으로 지목되는 이들과 만나면서 에너지 문제에 대하여 자연스럽게 관심을 가지게 되고, 이들의 에너지에 대한 시각을 탐구하게 되면서 미국뿐만 아니라 각국의 에너지 정책을 살펴보게 되었다.

에너지부존 국가의 후생 수준이 높을 것으로 예상되나 유감스럽게도 대부분 그렇지 않다. 석유 매장량이 많은 사우디아라비아·러시아·이란·이라크·베네수엘라 등의 나라를 보면서 에너지가 국가성장의 원동력이 되기보다 부패와 독재의 수단이 되는 경우가 아닐까 생각한다.

석유자원이 많은 미국 역시 지난 40년간 에너지 정책이 성공하지 못하였다고 평가되고 있고, 현재의 오바마 정부 정책도 예외가 아니다. 오바마 대통령은 자신의 저서 『담대한 희망』(*The Audacity of Hope*)에서 미국의 경쟁력을 강화하는데 교육, 과학기술, 에너지 등 세 가지 핵심부문을 제시하였다. 미국 스스로 에너지원을 통제하기 위하여 신재생에너지 개발을 강조하였으나 그가 집권한 1기의 4년 동안 변화는 오히려 셰일가스가 개발되고 그가 의도하지 않았던 육상과 멕시코 만에서 석유 채굴이 증가하였다.

이에 반하여 에너지 자원이 부족한 프랑스 · 독일 · 일본 · 북구 국가들은 환경을 고려한 가운데 에너지원을 확보해 나가는 면에서 비교적 성공한 것으로 평가된다. 여러 분야에서 미국의 사례가 국제적 준거기준이 되어 있지만 에너지를 얼마나 매장하고 있는가가 에너지 정책의 성공 기준이 아니라는 생각이다. 거의 모든 에너지를 수입하는 우리는 상당한 에너지를 보유하고 있으면서도 에너지 정책에서 성공하지 못한 것으로 평가되고 있는 미국보다 오히려 유럽과 일본의 정책을 주의 깊게 보아야 한다.

휴스턴, 세계 에너지 수도에서

'텍사스 하면 우리나라 사람들은 무엇을 떠올릴까?'

내가 만난 대부분의 사람들은 카우보이와 허리케인이 떠오른다고 하는데, 실제로 이 두 가지가 텍사스의 특징이기도 하다.

텍사스는 전통적으로 목축을 하기에 좋은 여건이며 이에 따라 도시에서 조금 벗어나면 수많은 소와 말을 키우는 목장(Ranch)을 볼 수 있고, 매년 3월이면 휴스턴 로데오라는 행사를 통하여 카우보이의 전통이 전 세계로 널리 소개되고 있다.

로데오는 한마디로 야생마나 거친 소의 등에 8초 동안 올라타 있는 경기이다. 자신의 등에 마땅찮은 물건이 있어 잔뜩 화가 나 있는 동물이 몸부림치는 광경과 그 몸부림과 율동을 같이 하면서 짧은 시간 동안 버티려는 사람의 어우러진 모습을 보고 환호하는 남부 특유의 게임이다. 가까이서 보니 말과 소가 움직이는 모습이 확연히 다르다. 말은 하늘을 치닫는다고 할 정도로 아래위로 크게 움직이고 소는 좌우 또는 360도 수평으로 급회전하여 움직임이 전혀 다르다. 경력이 많은 카우보이라도 8초 동안 견디기가 결코 쉽지 않을뿐더러 떨어질 때 크게 다치거나, 떨어져 있는 상황에서 말굽에 밟히고 소뿔에 치받힐 위험이 있다. 실제로 소뿔에 받혀 사람이 공중으로 4~5미터 뜨면서 땅에 떨어지는 위험한 광경을 목격하기도 하였다.

텍사스 하면 떠오르는 자연현상인 허리케인은 마치 자연의 분노처럼 무섭게 느껴진다. 허리케인은 시속 100마일(160km)의 비바람으로 몰아치는데, 쏟아지기 시작하면 거리는 물로 넘친다. 하수처리가 매우 잘 되어 있음에도, 조바심을 내며 운전하는데 떠내려가지는 않을까 겁이 난다.

실제로 잘 모르는 길에서 운전하다가 물이 갑자기 불어 차체가 침수되어 익사한 사건도 보도되었다. 집에서 폭우가 쏟아지는 광경을 보면, 비가 위에서 아래로 오는 것이 아니라 거친 바람 때문에 옆에서 불어 닥치고 있었다. 비 오는 어느 날 밤, 공원을 산책한 후 돌아오는데 폭우가 쏟아져 신호등이 갑자기 끊겼다. 바로 앞차조차 보이지 않았고 차가 조금씩 물에 잠겨 움직일 수 없었다. 차창 앞에 물이 넘실대는 모습을 보면서 잘못하면 떠내려가겠구나 하는 두려움이 들기도 하였다. 세계의 제국이라는 미국에서 2005년 카트리나 태풍으로 수천 명이 죽어나갔던 모습이 아직도 선연하다. 매년 6월 하순부터 태풍이 접근하는 시기가 되면 이에 대비하기 위한 움직임이 부산하다. 이것이 우리가 갖는 텍사스에 대한 인상이다. 광활한 땅에서 소를 휘몰면서 말을 타거나 자연의 재해가 덮치는 곳이 텍사스의 모습이다.

그러나 로데오와 허리케인만이 텍사스의 특징이 아니다. 텍사스에서 빼놓을 수 없는 또 하나의 특징은 바로 에너지 산업이다. 텍사스의 대표도시인 휴스턴에서 며칠만 지내다보면 많은 사람이 에너지 관련 기업에 종사하고 있고, 지역 언론도 에너지에 관한 기사를 매우 비중 있게 다루고 있는 것을 알 수 있다. 미국의 산업지역은 크게 4분 되어 있는데, 뉴욕 주의 금융, 미시간 주의 자동차, 캘리포니아 주의 IT, 텍사스 주의 에너지이다. 뉴욕 시의 빌딩이 상당 부분 금융회사 소유라고 한다면 휴스턴 시의 빌딩은 에너지 회사의 소유라고 하여도 과언이 아니다. 근교로 조금만 가게 되면 정유시설이 즐비하다. CNN, Fox TV, NBC 등 주요 방송이 에너지 문제에 대하여 보도하는 것을 유의 깊게 보면 신뢰성을 높이기 위하여 휴스턴 지역의 전문가를 섭외하여 휴스턴을 배경으로 하여 보도할 정도로 텍사스에 에너지 산업이나 전문가가 몰려 있다.

휴스턴 시는 미국뿐만 아니라 세계의 에너지 수도라고 불린다. 미국 원유 생산의 17%, 천연가스 생산의 30%가 텍사스에서 이루어지고 매일 400만 배럴 이상의 원유가 멕시코 만에서 정제되고 있다. 엑슨 모빌, 아람코 등 세계 주요기업을 비롯하여 3,600개의 미국 및 국제 기업이 활동하고 있다. 그 가운데 300여 개의 영국기업, 200여 개의 프랑스 기업, 인구가 480만 명에 불과한 노르웨이 기업 140여 개가 휴스턴을 중심으로 멕시코 만에 진출하고 있다. 에너지 정보 교류의 60% 이상이 휴스턴에서 이루어지며 휴스턴 시 재정의 25%, 일자리의 40%가 에너지와 관련되어 있어 어느 지역보다도 에너지 환경의 움직임을 현지에서 감지하게 된다. 미국 전체의 석유 및 가스 사업이 집중되어 있다고 하여 재생에너지에 소홀한 것도 아니다. 풍력 하면 독일을 생각하기 쉬우나 서부 텍사스에서 생산되는 풍력 에너지양이 세계 1위이다.

미국의 300년 역사를 조명하는 프로그램에서 어김없이 등장하는 한 장면은 석유의 발견이다. 심지어 세계 도시의 발전을 이야기하면서 파리의 시민혁명, 런던의 의회민주주의와 함께 석유가 처음 발견되었던 펜실베이니아 주의 도시를 거론할 정도로 석유는 현재 인류 역사의 한 장을 기록하고 있다. 이러한 측면에서 본다면 휴스턴은 현 시점에서 인류 역사의 추동력을 제공하는 현장이기도하다. 이러하다 보니 미국 내 총영사 단의 수가 뉴욕, LA에 이어 휴스턴이 3번째이어서 의외로 많을뿐더러 구성도 특이하다.

휴스턴 주재 각국 총영사관의 업무도 주로 에너지 사업과 연관되어 있다. 영국 · 프랑스 · 독일 · 노르웨이 등 유럽국가, 사우디아라비아 · 카타르 등 중동 산유국, 나이지리아 · 앙골라 · 적도기니 · 세네갈 등 아프리카 국가와 지역적으로 가까운 브라질 · 베네수엘라 · 콜롬비아 등 중남미 국가의 총영사들은 에너지 문제에 많은 초점을 두고 있다. 반면 아시아에서는 한국 · 중국 · 일본과 인도네시아 · 베트남 등 에너지와 관련한 국가들이 적극 활동하고 있다.

아프리카의 매우 작은 국가인 적도기니는 미국 내 워싱턴에 대사관, 휴스턴에 총영사관 두 곳을 두고 있다. 매주 휴스턴과 적도기니를 다니는 전세비행기가 있을 정도로 에너지 관련 인적 교류가 많다. 이 비행기의 왕복항공료를 적도 기니 총영사에게 물어보니 비즈니스석이 2만 4,000불, 일반석이 1만 2,000불 정도라고 하면서 내가 가고자 하면 3분의 2 가격으로 깎아주겠다고 농담하기도 하였다.

미국 남부의 다른 면을 모르고 있었다는 생각이 들 정도로 에너지라는 독특한 면을 발견하여 껍질을 하나씩 벗기어 유심히 바라보았다. 그 결과 우리가 에너지에 대하여 너무나 모르고 있다는 생각을 버리기가 어려웠다. 이는 에너지를 생산하지 못하여 거의 전부 수입하고 있는 한계 때문이기도 하다. 또한, 엄청난 규모의 자본력과 높은 수준의 기술력이 요구되는 에너지 산업에의 진출에 어려움도 있다. 그러나 그 자체로만 변명하기에 어렵다는 생각이다.

에너지원을 향한 발걸음

에너지원을 활용하는 것은 인류의 발전과 직결되어 있다. 원시인들은 돌을 부딪쳐 불을 만들고 태양의 열이 비치는 곳에서 따뜻함을 찾았다. 더 나아가 바람을 돌려 만든 풍차나 물이 떨어지는 수차에서 힘을 만들었다. 이후 나무를 활용하여 에너지를 만들다가 석탄과 석유를 발견하여 커다란 변화를 이루었다.

인류가 석유를 함유한 역청을 사용하던 것은 기원전 3,000년 메소포타미아 시대나 고대 중국이었다는 기록은 여러 곳에서 확인할 수 있다. 중동에서는 도로의 아스팔트나 배의 건조 또는 약품을 생산하는데 밖으로 흘러나온 미량의 석유를 사용하였지만, 매우 제한적이었고, 주로 물을 이용한 풍차로 에너지를 생산하였다. 고대에 사용하던 석유는 한동안 사라졌다가 1850년대에 들어서서 다시 나타나게 된다.

석유가 개발되기 전에는 고래 기름으로 저녁을 밝혔다. 멜빌(Melville)이 쓴 소설 『백경(白鯨)』(*Moby Dick*)의 내용은 머리가 흰 거대한 고래에게 한쪽 다리를 잃은 선장이 복수하는 것이 줄거리다. 하지만 석유와도 관련이 있다고 하면 의아해 할 것이다. 포경선 피쿼드 호의 선장 에이헙은 고래에 대한 복수심으로 백경을 찾아 대서양, 인도양, 태평양으로 항해를 계속한다. 어느 날 돌연 백경이 나타나 3일 동안 계속된 사투 끝에 작살을 명중시켰으나 결국 고래에게 끌려 바다 밑으로 빠져 들어가고 피쿼드 호도 침몰한다. 살아남은 선원이 이 비극을 전하는 형식으로 쓰였다. 한때 포경선을 탄 경험이 있는 멜빌은 작은 배로 거대한 백경과 싸우는 웅장한 광경을 잘 묘사하였다.

그런데 왜 하필 생명을 걸면서까지 향유(香油) 고래를 잡고자 하였을까? 그 이유는 석유가 발견되기 전에는 고래 기름(whale oil)이 등잔불을 밝히는 유일한 수단이었기 때문이다. 40톤이 되는 흰 고래로부터 수십 배럴이나 되는 기름을 추출하여 램프 기름이나 기계의 윤활유로 사용할 수 있다. 고래 뼈는 허리가 잘록해 보이도록 하는 여성용 속옷인 코르셋을 지탱하는데 사용되었고 가죽은 지갑, 창자 속 물질은 향수에 사용되었다. 우리가 소를 도축하면 모든 부위의 살뿐만 아니라 뼈를 고아 탕(湯)을 만들고 곱창으로 순대를 만들어 남김없이 먹는 것과 같이 고래를 잡게 되면 어느 하나 버릴 것 없이 다 사용하였다.

그러나 고래의 남획으로 그 숫자가 감소한데 더하여 미국에서는 남북전쟁(1861~1865)을 수행하기 위하여, 그리고 영국 등 유럽국가에서는 산업혁명을 계기로 석유수요가 급증하였다. 산업혁명 이전에는 나무가 주요 에너지원이었으나 산업혁명을 가져온 증기기관차, 내연기관 등의 발명으로 19세기부터는 석탄, 석유 등의 수요가 급격히 상승하였다. 그러나 수요에 비하여 공급이 턱없이 부족했다. 이 위기를 극복하기 위하여 다른 방도를 강구할 필요가 생겼다. 이에 따라 19세기 후반부터 석유를 발견하기 위한 다양한 노력이 이루어졌다.

산업혁명이 활발히 이루어지던 1885년까지는 나무가 주요 에너지원이었지만, 그 이후 에너지 수요가 급격히 상승하면서 20세기 전반까지는 석탄이 가장 중요한 자원이었다. 그러나 점차 석유가 중요해지면서 1950년대에는 석유가 석탄을 제치고 선진국가의 가장 주요 에너지원으로 자리매김하여 지금까지 그 위치를 고수하고 있다. 그러나 2000년대 들어 환경문제가 본격적으로 제기되고 이산화탄소의 배출이 문제시되면서 석유, 석탄을 줄이고 천연가스나 신재생에너지를 늘리자는 움직임이 나타나고 있다.

그럼에도 불구하고 앞으로도 개발도상국뿐만 아니라 선진국도 상당기간 석유, 석탄 등 화석에너지를 줄이기는 쉽지 않다. 특히 개발도상국의 경우 풍부한 석탄의 사용 비중을 줄이기는 매우 어렵다. 우리도 1980년대 이전까지는 나무 또는 석탄을 주로 사용하였다. 산업화가 늦게 일어났고, 1960년대까지 가정의 에너지원이 나무였기 때문에 전국의 많은 산이 민둥산일 정도이었다. 지금 북한이 겪고 있는 어려움 중의 하나가 에너지원 확보이다. 비무장지대를 지나 북한을 들어서면 가장 눈에 띄는 것이 벌거벗은 산이며, 중국 단둥에서 밤에 바라본 국경도시 신의주는 칠흑 같은 어둠으로 뒤덮여 있다. 우리가 그

랬듯이 나무를 에너지원으로 쓰다 보니 판문점을 지나 북한 지역으로 들어서면서 개성까지 가는 길 어디를 보더라도 민둥산이다. 에너지가 부족하니 선군(先軍)을 표방하면서도 훈련을 제대로 하지 못하고, 지역을 연결하는 철도 운행도 들쑥날쑥하다. 한겨울을 냉동으로 보내는 상황에서 이산화탄소 배출을 이유로 석탄이나 나무를 쓰지 않을 수 있겠는가?

물론 화석에너지원이 환경에 커다란 문제를 일으키고 있어 앞으로는 인류가 처음 활용한 풍력·태양열·지열·수력을 에너지원으로 개발하려는 노력이 더욱 강해질 것이다. 어떻게 보면 먼 옛날의 처음으로 다시 돌아가려고 하고 있다. 그러나 너무 멀리 와버렸다. 화석에너지의 비중이 너무나 높아졌고, 환경친화적인 재생에너지원으로 대체하기에는 너무 버겁다. 전 세계적으로 에너지원 구조를 보면 석유 40%, 석탄 23%, 가스 23%, 원자력 8%, 재생에너지 7%이다. 재생에너지 가운데 수력은 2.9%에 불과하며, 희망을 줄 것으로 기대하고 있는 풍력과 태양력은 1%가 되지 못한다. 그럼에도 환경 문제를 유발하는 화석에너지에만 목매달 수 없는 고민이 우리 인류에게 있다.

재생에너지 개발이 가장 활발한 독일도 2008년 현재 석유(34.6%), 천연가스(22.8%), 석탄 및 갈탄(25%), 원자력(11.5%)이 주 에너지원이며, 재생에너지는 7.3%로 보조 에너지원에 불과하다. 재생에너지 가운데서도 태양력 등은 미미하며 바이오매스, 풍력이 주를 이루고 있다. 우리의 경우 2007년 에너지원 비중을 보면 석유(43.4%), 석탄(25.3%), 액화가스

(13.8%), 원자력(14.9%), 수력 및 쓰레기 재활용을 포함한 재생에너지 비중이 2.5%에 불과하다.

신재생에너지의 개발을 위하여 선진국들은 상당한 보조금을 지원하고 있다. 우리도 1990~2006년 보조금 지원 경향을 보면 연평균 11.2%의 높은 증가세를 보이고 있지만 신재생에너지가 주요 에너지원으로 되기에는 요원하다.

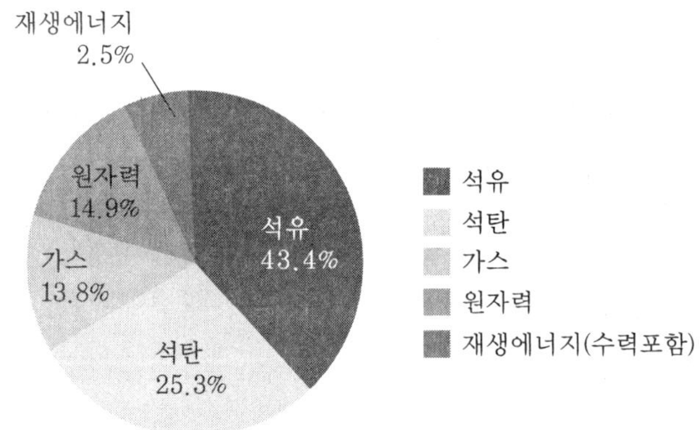

자료원: 2010년 에너지자원 주요통계, 지식경제부(2010)

4장 에너지에 대한 기본을 이야기한다

1. 에너지 문제로 들어가며

우리는 에너지(energy) 자체를 필요로 하는 것이 아니라 에너지를 통하여 힘(power)을 얻고자 하는 것이다. 즉, 석유·석탄·가스와 같은 에너지를 활용하여 일을 할 수 있는 힘을 얻어 잔디를 깎거나, 여행을 하거나, 빵을 굽거나, 목욕을 하는 것이 목적이다. 대부분의 힘은 석탄·석유·가스와 같은 탄화수소에서 얻는다. 탄화수소 에너지원을 사용하는 것은 비교적 걱정 없이 수월하게 얻을 수 있기 때문이다. 물론 태양력이나 풍력을 통하여도 힘을 얻을 수 있겠지만, 아직은 쉽지 않고 안정적이지 못한 것이 흠이다.

통상 에너지와 힘(power)을 혼동하는 경우가 있는데, 에너지는 저량(貯量, stock) 개념으로 배럴, 리터 등으로 측정하는 반면, 힘은 유량(流量, flow) 개념으로 시간당 배럴과 같은 형태로 측정한다. 또한, 힘(power)은 에너지 자체뿐만 아니라 이를 통제하는 능력까지 포함하고 있다. 태양력과 풍력은 많은 에너지를 생산하더라도 저축하기가 쉽지 않으며, 그 생산을 통제하기도 어려워 힘(power)으로서의 역할에 아직 한계가 있다. 이와 같이 재생에너지(renewable energy)는 지속적으로 생산하지 못하고 충전하기도 쉽지 않아 재생 힘(renewable power)으로서의 역할에는 한계가 있다.

그렇다고 하여 재생에너지의 유용성을 부정하는 것은 아니다. 다만 빠른 시일 내에 에너지원을 화석에너지에서 신재생에너지로 전환하여야 한다는 주장은 다시 한 번 고려해야 한다. 중동에 의존하면 정세 불안에 따른 에너지원 확보가 불확실하다. 하지만 신재생에너지를 개발하면, '에너지 자립'을 이루어 국내 일자리를 만들고, 안정적으로 에너지를 공급하며, 기후변화의 주범인 이산화탄소 배출을 억제하고, 고갈되고 있는 화석에너지원으로부터 빨리 벗어나게 된다는 점에서 많은 장점이 있다. 그러나 현실적으로 화석에너지를 신재생에너지로 대체하는 것이 당분간 어려우며, 기술개발로 그 비중을 높여가는 노력을 해 나가야 하는 수준이다.

어느 국가나 에너지 자립이라는 주장을 많이 제기하면서 신재생에너지를 거론한다. 특히 오바마 행정부는 신재생에너지를 통하여 자립도를 높이겠다는 정책을 제시하였지만, 신재생에너지가 아닌 셰일가스 등 화석에너지 생산 증가를 통하여 에너지 자립도가 올라가고 있다. 우리의 경우 에너지 자립은 아직 요원한 개념이지만, 자립 비율을 높이기 위한 노력을 기울이고 있다. 우리는 대부분의 석유를 수입하고 있지만, 수입한 석유를 정제하거나, 또한 석유정제 제품을 만들어 재수출하는 규모도 꽤 크다. 2008년 에너지 총수입이 1414.7억 달러인데 에너지 관련 수출총액이 376.8억 달러로 수입의 26.6%에 달하고 있다. 즉, 석유 수입국일 뿐만 아니라 석유제품의 수출국이기도 하기 때문에 에너지 자립보다 에너지원을 원활하게 확보하는 것이 더 시급한 과제이다.

에너지 고갈 주장도 언론에 자주 나오는데 이 의미에 대하여도 냉철히 생각해야 한다. 일부 전문가들은 석유생산이 이미 정점을 지나 점차 고갈되고 있다고 하면서, 그 결과 유가가 시장에서 공급과 수요에 따라 결정되기보다 단지 얼마만큼의 석유공급이 가능한가에 따라 결정된다고 주장하다. 석유가 유한하다는 것은 부정할 수 없지만 석유 역시 상품으로서 유가가 상승될 경우 기술개발이 되면서 그동안 개발되지 않았던 지역, 즉 심해저·극지에서 개발이 가능하게 된다. 따라서 석유가 가까운 시일 내에 고갈되어 석유공급이 제한적일 수밖에 없다는 주장은 아직 수용하기가 어려우며, 유가는 공급 규모보다 시장에서 결정된다고 보아야 한다.

석유공급이 줄어들지 않는다면 과도한 석유소비로 인한 이산화탄소 배출을 억제하는 것이 필요하나 이것도 쉽지 않다. 선진국에서의 배출은 점차 줄어들고 있으나 중국을 비롯한 개발도상국에서의 배출이 증가하고 있다. 유엔 회의에서 계속 논의하는 내용이지만 이산화탄소의 배출을 실질적으로 규제하는 데 대한 합의는 도출하지 못하고 있으며 앞으로도 그 가능성은 크지 않을 전망이다.

화석에너지의 문제점을 고려할 때, 힘의 원천으로 신재생에너지를 활용하자는 것은 바람직한 대안이다. 신재생에너지를 이용하여 환경친화적이면서 값싼 에너지원을 사용하게 되기를 누구나 바란다. 그러나 이러한 희망은 아직 기술의 한계로 이루어지지 못하고 있고 가까운 시일 내에 이루기도 쉽지 않다. 신재생에너지가 중추적인 에너지원으로 되기까지 우리가 생각하는 것보다 많은 시간이 필요하다.

2. 나무에서 석탄, 석탄에서 석유, 그리고 이제는…

어느 나라에서나 나무를 에너지원으로 사용하다가 석탄을 사용하게 되었는데 미국에서 석탄이 주 에너지원으로 변한 때는 1885년이었다. 이후 석탄이 압도적인 지위를 차지하다가 2차 대전을 계기로 커다란 변화가 일어났다. 미국은 1949년까지 석탄 37.4%, 석유 37.1%로 석탄이 약간 앞섰지만, 1950년부터 석유가 석탄을 앞서기 시작한 이후 지금까지 석유가 주도적인 역할을 해 오고 있다. 그러나 기후온난화 등의 문제가 제기되고 원자력 및 가스의 개발로 석유의 비중이 2008년 이후 줄어들면서 1950년대 수준으로 환원되었다. 반면 가스의 비중은 석탄과 같이 25% 수준으로 상승하였다.

2009년 기준으로 세계 에너지 사용규모 전체를 원유로 환산해 보면 일일 2억 2,600만 배럴에 해당하는 규모인데 그 가운데 석유 7,900만 배럴, 석탄 6,600만 배럴, 가스 5,500만 배럴, 원자력 1,200만 배럴, 수력 1,400만 배럴에 이른다. 이 가운데 탄소배출의 주범으로 우려되는 석유, 석탄, 가스를 매일 2억 배럴 정도 사용하고 있으며 이는 전체 에너지원의 88%에 이른다. 사우디아라비아는 2011년 일일 880만 배럴의 석유를 생산하는데 전 세계는 이의 25배나 되는 규모를 매일 사용하는 셈이다.

미국은 에너지 생산과 매장량에서 상당히 우위에 있지만 소비가 타의 추종을 불허할 정도이어서 에너지 수입이 엄청나다. 원자력 생산 1위(프랑스보다 앞섬), 석탄 생산 2위(중국 다음), 가스 생산 2위(러시아 다음), 석유 생산 3위(사우디, 러시아 다음), 수력 생산 4위(중국, 캐나다, 브라질 다음)로 소비의 75% 정도를 국내에서 생산하고 있다. 매장량 면에서 본다면 9,700억 배럴에 해당하는 규모를 가지고 있어 러시아와 중국을 능가하고 있음에도 수요가 많아 국내 자원뿐만 아니라 다른 나라의 자원에도 관심이 많다.

석유 개발을 보면 처음 지하의 석유 위주로 개발되다가 1950년 처음으로 20피트(6미터 정도) 연해를 개발하였으나 이제는 4만 4,000피트(1만 3,200미터)의 초심해저까지 진출하고 있다. 가스의 경우 지진파 분석, 수평시추 및 수압파쇄방식 등 셰일가스(shale gas) 기술의 발전으로 상당히 많은 천연가스를 개발하고 있다.

  석유는 기후환경을 위태롭게 하고, 중동 범죄조직이 석유수출 대금을 활용하여 국제테러 기금으로 이용하고 있다. 산유국의 담합기구인 OPEC은 석유공급을 통제하여 시장을 교란시킴에도 불구하고 전 세계가 석유에 중독되어 석유에서 벗어나고 있지 못하고 있다. 이러한 비판에도 인류는 석유를 통하여 높은 경제성장을 이루었으며, 석유를 통하여 얻은 디젤유와 제트유로 디젤엔진 및 제트터빈을 작동시켜 세계가 일일생활권으로 진전되어 왔다. 석유를 다른 에너지원으로 대체하려는 노력을 계속하고 있으나 당분간 바꾸기는 어려울 뿐만 아니라 개발도상국의 석유수요는 계속 늘어나고 있어 석유의존도가 줄어들기는 어려울 전망이다.

  석탄은 이산화탄소의 배출로 천덕꾸러기가 되고 있지만, 가장 풍부한데다 열효율도 높아 이를 내칠 수도 없는 상황이다. 석탄은 가장 중요한 전력생산 에너지원인데, 전력의 사용규모와 경제성장은 거의 비례하는 상관관계를 보이고 있다.

  대부분의 GDP 상위 국가들은 전력 사용량이 상당히 높아, 미국·중국·일본 등 선진국일수록 사용량이 높다. 우리나라도 예외는 아니어서 2008년 국내총생산이 세계 14위인 반면 발전량은 9위에 이르고 있다.

GDP와 발전량의 상관관계(2008년)

순위	GDP	발전량	순위	GDP	발전량
1	미국	미국	11	멕시코	영국
2	중국	중국	12	스페인	이태리
3	일본	일본	13	캐나다	스페인
4	인도	러시아	14	한국	남아프리카
5	독일	인도	15	인도네시아	호주
6	영국	독일	16	터키	멕시코
7	러시아	캐나다	17	이란	대만
8	프랑스	프랑스	18	호주	이란
9	브라질	한국	19	대만	터키
10	이탈리아	브라질	20	네덜란드	사우디아라비아

자료: BP Statistical Review of World Energy(2009)

　어느 국가나 성장을 위해 전력이 필요하며 이를 위한 에너지원을 확보하여야 한다. 개발도상국뿐만 아니라 선진국도 많은 에너지원을 석탄에 의존하고 있어 석탄의 수요가 줄어들 가능성은 희박하다. 전기를 생산하는 연료로 1973년에는 석탄 38%, 석유 25%, 천연가스 12%, 수력 21%, 원자력이 3%이었다. 30년이 지난 2006년에는 석탄 41%, 석유 6%, 천연가스 20%, 원자력 15%, 수력 16%로 석유가 대폭 줄어든 반면, 가스와 원자력의 비중이 크게 늘어나고 석탄의 비중도 증가하였다. 2030년에는 석탄 44%, 석유 2%, 천연가스 20%, 원자력 10%, 수력이 14%로 예상된다. 석유 비중이 낮아지는 것은 석유 대부분이 발전 목적이 아니라 수송목적으로 쓰이기 때문이다. 후쿠시마 원전사고 이후 원자력 사용에 대한 의구심이 증가되면서 원자력 비중도 어느 정도 하락할 가능성이 있다. 이것이 의미하는 바는 신재생에너지 비중이 늘어나는 것이 아니라 이산화탄소 배출에도 불구하고 석탄의 비중이 오히려 더욱 늘어날 가능성도 있다는 점이다.

3. 에너지원에 대한 혼동

에너지를 이해하는 데 있어 유의할 점은 목적에 따라 쓰이는 에너지가 다르다는 것이다. 차량이나 비행기와 같은 수송목적에는 거의 석유가 쓰이며 전기를 생산하는 발전 목적에는 석탄, 원자력, 천연가스가 주로 쓰인다.

2008년 유가가 한창 오를 당시, 절약을 위하여 가로등을 소등하고 거리의 네온사인 광고를 규제하여야 한다는 논지로 전문가가 언론에 기고한 글을 본 적이 있다. 전체적으로 에너지를 절약하자는 의미라면 이의가 없지만, 가로등이나 네온사인은 석탄, 가스, 원자력 등을 통하여 생성된 전기를 통하여 운용되기 때문에 석유의 절약과는 직접적인 관련이 없다. 오히려 석유를 절약하기 위해서는 수송수단인 차량의 5부제, 버스·지하철 등 공공교통수단의 이용 등이 더 직접적으로 필요한 조치이다. 에너지원에 대하여 여러 오해가 생기고 전문가들의 글에서도 혼동이 있는 부문이 에너지원 간의 상호 대체성이다.

석유의 경우 수송목적뿐만 아니라 발전목적으로도 쓸 수 있는 반면, 석탄·원자력·천연가스로는 수송목적으로 거의 쓰지 못하고 있다. 그러면 석유를 왜 발전목적으로 쓰지 않을까? 이는 열효율과 가격 때문이다. 석유는 천연가스보다 6배 정도 열효율이 높아 가격 차이는 6배 정도가 적절하다. 그러나 현재 배럴당 석유가가 100불에 육박하고 있고, 가스가격은 아시아·북미주·유럽마다 차이가 있지만 미국에서는 단위당 3불 전후한 수준에 불과하다. 이에 따라 석유를 발전목적으로 쓰게 되면 엄청난 손실이다. 즉, 석유로는 100불이 들지만 가스로는 20불이 채 되지 않는다.

그렇다면 값싼 석탄·원자력·천연가스를 수송목적으로 쓰면 되지 않는가 하고 반문하지만 아직 기술발전이 충분하지 않아 이들 에너지원이 석유를 대체하지 못하고 있다. 가스를 액화한 용액을 사용하여 매우 한정된 범위 내에서 수송목적으로 사용하는 경우가 있기는 하지만 현재의 기술로는 광범위하게 사용할 수 있을 정도로 발전되지 못하고 있다.

Ⅱ. 에너지가 있는 곳

석유, 과거와 현재

1. 록펠러, 노벨, 로스차일드: 우리가 듣던 이름들

석유에 관심을 두던 초기에는 주로 지표면에 올라온 석유를 채취하는 정도이었다. 이후 1859년 드레이크 대령이라 불리는 석유 채굴업자가 미국 펜실베이니아 주에서 새로운 기술로 석유를 채굴하는데 성공하였다. 즉, 파이프를 유정이 있는 곳 가까이까지 땅을 파고 내려 보낸 후 그곳에서 착암기로 유정을 뚫도록 하는 방식을 처음으로 사용하여 지하 21미터 지점에서 일일 35배럴의 석유를 채굴하였다. 그 당시 채굴된 석유를 운송하는 데 있어 위스키를 저장하던 42갤런(159리터) 용량의 배럴 통을 사용하였는데, 지금까지도 석유의 단위로 배럴이 사용되고 있다. 그러나 이제는 수송 목적으로 배럴 통을 사용하지 않는다.

지금은 매우 단순하지만, 드레이크 대령이 사용한 기술로 석유를 지하에서 뽑아낸 것이 석유시대를 알리는 시발이 되었다. 검은 금광이 발견되었다는 소식이 퍼지면서 석유를 채굴하려는 사람들이 구름같이 몰려들었는데 이들을 '살쾡이'(wildcatter) 라고 부른다. 그 이유는 석유를 채굴하는 장소가 외딴곳의 험악한 지역에 있어 채굴하는 동안 살쾡이들의 울음소리를 듣곤 하였기 때문이다. 처음 휴스턴에 도착하여 석유전문가들과 이야기하는 가운데 자주 사용한 'wildcat'라는 용어가 낯설어 당혹스러웠는데 이는 소규모 자본가들의 유정을 탐사하는 활동을 의미한다.

석유가 주목을 받으면서 1882년 '록펠러'라는 기업인이 '스탠더드오일사'(Standard Oil)를 설립하여 석유사업에 뛰어들었다. 석유 생산이 살쾡이(wildcatter)들로 인하여 들쭉날쭉한 점에 착안하여 그는 탐사·시추하는 부문이 아니라 이미 생산된 석유의 운송과 정유부문을 독점해 나갔다. 정유시설과 석유를 운반하는 기차 및 운송파이프 라인을 거의 독점하면서 경쟁기업을 말살시켰다. 탐사·개발부문(upstream)은 그대로 둔 채 생산된 석유를 이동하고 부가가치를 높이는 부문(downstream)을 독점하였다.

록펠러와의 경쟁은 미국으로부터가 아니라 러시아 제국의 영토인 바쿠(현재 아제르바이잔 소재)에서 1873년 '노벨 형제' (다이너마이트 발명가인 알프레드 노벨이 형제)가 석유사업에 뛰어들면서 시작되었다. 노벨 형제는 전문적인 지질학자를 고용하였으며, 채굴된 석유를 배럴에 저장하거나 옮기기보다 배(tanker)로 옮기는 방안을 시도하였다. 이러한 사업이 성공을 거두면서 러시아는 미국에 이어 두 번째 석유생산국으로 뛰어

올랐다.

프랑스에서는 '로스차일드' 가(家)가 석유 사업에 뛰어들어 바쿠에서 생산되는 러시아산 석유를 철로로 흑해 항구인 그루지야의 바툼으로 이동하여 전 세계에 공급하였다. 로스차일드 가(家)는 바쿠에 기업을 설립하고 투자하여 러시아 석유시장에서 노벨 가(家)에 이어 두 번째 큰 사업체를 운영하였다. 한편 영국의 '사무엘'은 석유 운송에 중점을 두고 셸(Shell) 사를 설립하여 바쿠의 석유를 이집트 수에즈 운하를 통해 배로 운반하여 아시아 시장을 공략하였다.

이에 따라 19세기 말에는 일일 37만 배럴 규모를 운용하는 미국의 록펠러 가와 일일 20만 배럴 규모의 러시아산 원유를 운용하는 유럽의 노벨·로스차일드·사무엘 가 사이 양 대륙 세력이 경쟁하는 양상이었다.

이러한 경쟁에 로열더치 사(Royal Dutch Company)가 합류하면서 생산지역도 확산되었다. 로열더치 사는 당시 네덜란드 속령이던 동 수마트라(현재의 인도네시아)에서 1890년 석유를 발견함으로써 네덜란드령이 미국, 러시아에 이어 세 번째 많은 석유를 생산하는 지역이 되었다. 석유 생산지를 확보하고 있는 다른 기업과 달리 셸 사는 정유·탱커·운송·저장·송유관 등 시설을 가지고 있을 뿐 석유 매장지를 확보하기 못하였다. 이러한 약점을 해소하기 위하여 셸 사는 1907년에 로열더치 사와 4:6의 비율로 통합하여 로열더치·셸(Royal Dutch Shell) 사가 생기게 되었다.

　미국에서도 커다란 변화가 있어 20세기에 들어서면서 텍사스 주 휴스턴 동부(Spindletop)와 오클라호마 주 털사(Tulsa)에서 새로이 대규모 유정이 발견되어 석유의 주 생산지가 펜실베이니아 주에서 텍사스 주, 오클라호마 주 등 남부로 이전되었다. 석유산업이 번성하게 되면서 텍사코(Texaco, 1902년), 걸프석유(Gulf Oil, 1907년), 유노캘(Unocal-캘리포니아 Union Oil, 1893년) 등 여러 기업이 등장하게 되었고, 또한 소수 대기업이 독점하는 폐해가 만연하였다. 대기업 중심으로 부가 편중되는 것을 막기 위하여 중소기업 육성에 관심을 두고 있었던 시어도어 루즈벨트 대통령은 거대 기업의 독점을 제한하는 반 트러스트 법을 만들어 스탠더드 오일 사를 해체하였다.

　지금 우리에게 익숙한 기업인 엑슨 모빌, 세브론 등은 스탠더드 오일사가 '엑슨'(뉴저지 주), '모빌'(뉴욕 주), '세브론'(캘리포니아 주), '아모코'(인디애나 주)로 분사된 이후 1990년대 후반 합병 및 통합을 거쳐 오늘에 이른 모습이다. 록펠러가 석유사업을 하면서 자유경쟁을 배제하고 독점을 추구하였는데 독점적 지위를 누리고자 하는 흐름은 지금도 석유산업에 전반적으로 나타나고 있다. 또한, 산유국에서도 정부국영기업을 만들어 석유자원을 국내적으로 통제하고, 산유국 간에는 OPEC이라는 생산량 조정 및 수출통제 기구를 만들어 국제적으로 흐름을 통제하고 있다. 국제석유기업이나 산유국 국영기업은 이윤을 최대로 확보하고자 기회가 될 때마다 석유에 대한 독점적 지위를 확보하고자 하는 것이 기본 특성임을 유의해야 한다.

이러한 가운데 사회적인 책임을 보인 석유재벌이 있다. 초창기 오클라호마 주에서 처음 석유를 끌어올린 존 폴 게티(John Paul Getty)는 록펠러·노벨·로스차일드 가에 버금가는 석유재벌이었다. 그는 석유개발로 모은 재산을 사회에 환원하기 위하여 로스앤젤레스에 게티 미술관을 만들었다. 산마루터기에 있는 하얀 미술관은 로스앤젤레스라는 거대 도시가 물질적인 면에 함몰하지 않고 문화적인 면을 갖추는데 크게 이바지하고 있으며 로스앤젤레스 시민의 자랑거리이기도 하다. 게티 미술관은 부유층의 사회적인 기여가 무엇인가를 설명하는 기록물이다.

2. 또 다른 석유 자원을 찾아 : 정부 국영기업의 출현

석유 역사를 이해하기 위한 책을 석유 전문가에게 문의하면 거의 예외 없이 옐긴(Daniel Yergin)이 1991년 쓴 『획득물』(*The Prize*)을 추천하는데 그는 이 책으로 퓰리처상을 받았다. 저자는 20년 만인 2011년 『탐구』(*The Quest*)라는 에너지 관련 서적을 발간하여 다시 주목을 받고 있으며, 에너지 관련 회의에 옐긴 박사가 참석하면 회의의 중요도가 높아질 정도이다. 그런데 『획득물』(*The Prize*) 책의 서문 제일 첫 단어가 윈스턴 처칠로 시작되고 있어 의아심과 호기심을 가지게 된다. 석유 역사에서 본다면 처칠 수상은 석유 공기업을 출발시킨 장본인이다.

1차 대전 당시 영국의 해군 장관이었던 처칠은 국내에 석탄이 풍부하지만 독일의 전쟁준비에 대응하기 위하여 해군에 석탄 대신 석유를 공급해야 한다는 입장이었다. 영국 정부는 처칠의 주장을 수용하면서도 어떻게 석유를 조달할 것인가를 고민하였다. 처칠은 그 해결책으로 정부가 관여하는 민간석유회사로 Anglo-Persian Oil Company를 설립하여 페르시아(1935년에 이란으로 국명을 변경)에서 석유채굴권을 확보하면서 발전시켰다. 이 회사는 2010년 멕시코 만에서 유정 누출로 비난받고 있는 영국 석유 사(BP : British Petroleum)의 전신(前身)이다. 프랑스의 포잉카레 정부 역시 1924년 영국의 전례를 그대로 닮아 민간자본의 투자를 받으면서도 정부가 지원하는 프랑스 석유공사(현재의 Total)를 설립하여 메소포타미아(현재의 이라크)로 진출하였다. 이탈리아의 경우 무솔리니 통치 기간 중 정부가 100% 투자하여 석유기업을 설립하였는데 이 회사가 계속 발전하여 에니(Eni)라는 국제 에너지 기업으로 우뚝 서 있다. 유럽의 석유 대기업은 정부 주도로 형성되고 발전되었음을 주목할 필요가 있다.

유럽 각국이 국내 석유자원의 한계를 극복하기 위하여 20세기 초 해외 자원을 본격적으로 개발한 이유가 있다. 19세기 말 이후 내연기관이 발명되어 자동차 등 교통수단이 급격히 증가하였으며 이에 따라 석유에서 추출되는 디젤유 및 휘발유가 필요하였다. 그러나 1910년대부터 전문가들은 국내석유자원이 고갈되리라는 비관적인 예측을 하여 여러 국가들이 해외자원에 눈을 돌리게 되었다. 영국은 페르시아(이란)와 멕시코에서, 영국 및 프랑스가 메소포타미아(이라크) 지역에서, 네덜란드는 베네수엘라 지역에서 개발계약을 맺어나갔다. 지금 최대 산유 지역인 사우디아라비아 등 걸프 만 국가에 석유가 매장되었으리라고 그 당시 전혀 예상하지 못하다가 영국이 우선협상권을 가지고 먼저 뛰어 들었다. 이후 미국 석유 사(Gulf 사 및 Chevron 사) 등이 참가하면서 석유를 둘러싸고 막후 경쟁이 치열하게 전개되었다.

2차 대전 이전까지만 하더라도 전 세계 일일 560만 배럴 가운데 미국이 330만 배럴을 생산하여 단연 앞섰고, 소련 · 베네수엘라가 뒤따랐다. 이때까지만 해도 중동지역은 불과 33만 배럴만을 생산하여 커다란 주목을 받지는 못하였다. 그러나 전쟁을 수행하기 위하여 독일이 바쿠 유전, 일본이 인도네시아 유전을 확보하려고 하면서 군사충돌로 이어졌다. 미국에서도 석유가 고갈되리라는 우려가 확산되면서 해외 유전을 개발하는 본격적인 움직임이 시작되었다. 그 당시 아이젠하워 장군을 포함하여 여러 지식층에서는 석유 자원개발이 점차 어려워지고 소진될 것이며 이에 따라 가격이 올라갈 것이라고 전망하였는데, 이러한 전망과 우려는 지금까지 주기적으로 나타나고 있다.

미국은 사우디아라비아 등 중동의 정치제도가 낙후되었다는 이유로 석유가 생산되기 전에는 이들 국가를 우호적으로 취급하지 않았었다. 그러나 1940년대 사우디아라비아에서 석유가 발견되고 1948년부터 중동에서 석유개발이 본격화되면서부터 사정이 달라졌다. 미국이 중동의 석유를 수입하기 시작하면서 중동의 위상이 달라지고 사우디아라비아는 미국의 가장 중요한 우호국가 중 하나가 되었다. 이는 미국의 중동정책이 석유에 중점을 두기 시작한 것과 함께 정치적으로 동·서 냉전이라는 현상이 겹쳐진 것과 관련이 있다.

3. 산유국의 반란 그리고 7자매 국제석유 대기업의 연합

석유가 고갈될 것이라는 전문가들의 예측과는 달리 생산되는 석유가 감소하기는커녕 오히려 증가하였다. 이와 비례하여 국제석유기업은 산유국의 석유자원으로부터 엄청난 이윤을 챙기는 데 혈안이 되었고, 개발권을 가진 선발 국제석유 거대기업인 7자매 석유 사(Seven Sisters)의 입김이 더욱 커졌다. 이에 대응하여 산유국의 반발이 생겼는데 가장 먼저 멕시코가 1938년 석유산업을 국유화하고 자체적으로 석유 개발을 하기 위하여 국영 석유회사(Pemex)를 세웠다. 멕시코는 헌법에 외국기업이 석유자원 지분을 갖지 못하도록 하는 강력한 정책을 취하였다. 그러나 부작용도 생겼는데 외국기업이 멕시코에의 투자를 꺼리게 되었다. 이에 따라 멕시코는 국제석유기업이 보유하고 있는 첨단기술을 확보하지 못하고 기존의 개발 기술 역시 노후화되어 상당한 석유가 매장되어 있는 자국 관할 내의 멕시코 만 해저 개발을 하지 못하고 있다. 그 결과 산유국인 멕시코가 정제된 석유를 수입하는 웃지 못할 현상이 지금 벌어지고 있다.

베네수엘라는 멕시코와 달리 국제석유기업과 끈질긴 협상을 통하여 이윤을 5:5로 배분하기로 합의하였으며, 이어 사우디아라비아도 동일한 조건의 배분을 확보하였다. 이러한 반란에도 불구하고 사실상 1970년대 이전까지 국제석유기업들이 석유자원을 관장하고 있었다. 1949년, 미국과 공산권을 제외하고 Exxon, Texaco, Chevron, Mobil, Royal Dutch Shell, Gulf Oil, BP로 구성된 7자매 석유대기업이 세계 매장량의 82%, 생산의 80%, 정제시설의 76%를 장악하고 있었다.

국제 석유수요는 계속 증가하여 1948년 일일 소비규모가 930만 배럴이었던 것이 1차 석유위기가 발생하던 1973년에는 5,600만 배럴까지 상승하였다. 국제 에너지원 구성도 바뀌게 되는데 1950년대까지만 하여도 석탄이 가장 높은 비중이었지만, 1965년 이후에는 석유가 추월하였다. 가장 큰 이유는 차량과 항공기 등 교통수단의 이용이 급증한 것인데 차량의 숫자가 1948년 5,300만 대에서 1973년에는 2억 5,000만 대로, 항공기 이용도 8배 이상 증가하였다. 석유의 사용이 증가하게 된 또 다른 이유는 가열분할방식(thermal cracking)으로 석유에서 화학물질을 분리하여 활용하면서 플라스틱 등과 같은 다양한 제품을 개발할 수 있게 되었기 때문이다.

석유수요가 증가하고 유용한 물질을 생산함으로써 산유국들은 국제석유기업과의 협상에서 자국의 이익을 최대한 확보하기 위하여 개별적으로 움직이기보다 연합체를 구축하였다. 이 기구가 1960년 베네수엘라 · 사우디아라비아 · 이란 · 이라크 · 쿠웨이트 등으로 구성된 석유수출기구(OPEC)이다.

산유국과 국제석유기업은 각각의 연합모임을 구축하기도 하였지만 지나친 경쟁으로 균열한 면도 있었다. 후발주자인 이탈리아 석유공사(Eni)는 기존 국제석유기업의 경쟁대열에 뛰어들기 위하여 이란과의 협상에서 이윤을 5:5로 배분하던 기존 관례를 깨고 이란에게 돌아갈 이익을 75%까지 인정하여 점차 산유국들이 협상의 주도권을 가지게 되는 계기를 제공하였다. 나아가 이라크는 1961년 석유 자원을 국유화하는 조치를 취하자 산유국에서 국유화 바람이 불기 시작하였다. 이에 따라 국제석유기업이 주도하던 국제 석유시장구도가 산유국이 주도하는 방향으로 이동하면서 산유국과 국제석유기업 간의 역학 구조에 커다란 변화가 일어나기 시작했다.

4. 석유 위기를 되돌아 보며…

1973년, 1차 석유위기와 유가의 급등

석유가 국내외 정치와 맞물려 일어나고 있는 것을 알 수 있는 대표적인 사례가 1차 석유위기이다. 이는 에너지 자원 이교를 하는데 있어 국제정치의 흐름을 통찰하는 것이 중요하다는 교훈을 준다.

표면적으로는 1973년 10월 제4차 중동전쟁이 계기가 되어 1차 석유위기가 발생하였지만, 이전에 유가 상승 분위기는 이미 조성되고 있었다. 전쟁 발생 이전에 미국은 1970년 일일 320만 배럴, 1972년 450만 배럴, 1973년 620만 배럴 등으로 수입이 급격히 증가하는 추세이었다. 반면 리비아의 카다피 지도자는 1973년 혁명 4주기를 맞아 석유자원을 국유화하여 공급을 통제함으로써 국제시장에서 석유의 부족 움직임이 나타나기 시작하였다.

한편 이집트의 나세르 대통령이 암살된 이후 취임한 사다트 대통령은 국내에서의 입지가 확고하지 못한 가운데 이스라엘과의 협상에서도 국민을 만족시킬 만한 성과를 거두지 못하여 전쟁을 계획하였다. 그는 사우디아라비아와의 비밀 접촉을 통하여 유사시 석유수출을 금지하겠다는(oil embargo) 내용의 지원을 확보하였다. 사우디아라비아의 파이잘 국왕이 이집트의 입장을 지지하게 된 배경이 있다. 가까운 관계인 미국이 친이스라엘 정책을 계속 취하였는데, 이 결과 친미 정책을 추진한 자신의 국내 입지가 위태롭게 되어 미국과 거리를 둘 필요성이 있었기 때문이다. 또한, 냉전체제 하에서 소련은 시리아 등에의 군사지원을 늘려 중동 지역에 진출을 확대하는 상황이었기 때문에 아랍국가가 시리아와 적대 관계인 이스라엘을 공격하기에 유리한 환경이 조성되고 있었다.

이러한 배경 아래 1973년 4차 중동전쟁이 발발하였다. 석유는 경제상품을 넘어 국가안보와 직결되면서 석유 생산국들은 공급과 수출을 통제하였다. 사우디아라비아 등 아랍국가들은 미국뿐만 아니라 친이스라엘 정책을 펼친 네덜란드에의 석유공급도 차단하였으며 그 결과 국제시장에서 유가는 급등하였다. 1970년 배럴당 1.8불, 1971년 2.18불 그리고 전쟁 이전인 1973년 중반 2.9불 하던 유가가 전쟁 발발 직후인 1973년 10월에 5.12불에서 1973년 12월에는 11.65불로 1973년에만 4배로 급상승하였다.

그 당시 일본은 에너지원 가운데 석유가 차지하는 비중이 77%나 되어 46%를 의존하던 미국에 비하여 그 비중이 매우 높았다. 일본은 국제석유기업으로부터 직접 석유를 수입하다가 석유공급을 받지 못하게 됨으로써 직접적인 타격을 받아 심각한 경제적 충격을 입었다. 그 압력으로 일본은 전후 미국과 모든 국제사안에서 공조를 하던 전례를 깨고 중동 전쟁에서 아랍국가를 지지하였다. 영국 역시 탄광 노조의 압력을 받지 않기 위해 아랍 입장을 지지하였다. 이러한 상황을 겪은 후, 선진 석유 수입국들은 개별국가로서 산유국에 대응하면 아랍의 압력에 계속 굴복할 수밖에 없다는 인식을 가지게 되었다. 그 결과 1974년, OECD 국가들이 주도하여 국제에너지 기구(IEA: International Energy Agency)를 만들어 OPEC의 움직임에 대처하기 시작하였다.

에너지 수입국의 정책에서도 상당한 변화가 생겼다. 프랑스는 아랍에 더 이상 의존할 수 없다는 인식하에 위기 대응 정도가 아니라 에너지 구조를 개편(transformation)하면서 원자력 발전, 석탄 사용, 에너지 자원의 절약을 강하게 추진하였다. 에너지 사용을 부추기는 광고는 엄격하게 금지했으며 건물온도를 수시로 확인해 강력한 제재조치를 시행하였다. 일본 역시 석유위기가 지진이나 태풍과 같이 일시적으로 끝나지 않고 계속될 수 있음을 고려하여 그 의존도를 줄이기 위해 에너지 자원을 효율화하는 정책을 추진하였다. 미국도 1975년 신형 차의 에너지 연비를 10년 이내에 갤런당 13마일에서 27.5마일로 향상시키는 노력을 추진하기 시작하였다.

1차 석유위기 당시인 1973년만 하더라도 서방세계의 OPEC 석유 의존도가 65%, 2차 위기 당시인 1978년에 78%에 이르렀다. 이를 벗어나기 위하여 각국은 새로운 에너지원 개발을 추진하였다. 미국 알래스카에는 송유관을 건설하고, 멕시코 만에서 생산을 증가하였으며, 북해에서는 새로운 유정을 발견하였다. 1977년 알래스카에서 석유가 처음 생산된 이후, 1978년에는 일일 생산량이 200만 배럴이었다. 이는 미국 수요의 4분의 1에 이르렀다. 멕시코는 1972년에 50만 배럴에서 1976년 83만 배럴, 1980년 190만 배럴의 석유를 생산하였다. 1971년 석유 역사에서 새로운 장을 열게 된 해저 석유 개발이 시작되었으며, 이후 4년간의 개발과정을 거쳐 1975년 처음 해저에서 석유를 생산하게 되었다. 연이어 1980년대에는 알래스카, 멕시코, 북해에서 일일 700만 배럴의 석유가 생산되어 유가 하락을 주도하였다.

1979년, 2차 석유위기와 유가의 급등

2차 석유위기는 증가하는 수요에 비하여 석유공급이 부족할 것이라는 심리적인 효과로 촉발되었다. 석유 부족현상과 부족 가능성에 대한 우려 현상을 간파한 OPEC 국가들이 중·장기 계약으로 공급하던 물량을 현물시장에 팔면서 1978년부터 석유공급이 부족하기 시작하였다. 그동안 현물시장 물량이 불과 1~2%였으나 현물가격이 상승하기 시작하면서 이란을 비롯한 강경국가들은 현물 시장에 석유를 내다 팔기 시작하여 결과적으로 가격을 상승시키는 효과가 발생하였다.

이러한 상황에 더하여 1978년 하반기 이후 일어난 이란 혁명이 유가 상승의 커다란 촉매 역할을 하였다. 이란은 혁명 이전에 일일 550만 배럴을 생산하여 미국, 소련, 사우디에 이어 4위 생산국으로 전 세계 생산의 10%를 차지하였으나, 혁명 중이었던 1979년 1월에는 일일 40만 배럴 생산으로 급락하였다. 같은 해 4월에는 일일 400만 배럴로 회복하였지만, 석유수출 물량이 매우 불안한 상황이었다.

게다가 이란혁명의 여파가 중동국가로 번질 가능성과 미국 대사관 직원 인질사건으로 중동의 정세불안 요인이 석유시장의 불안을 가중시켰다. 또한, 1979년 12월 소련이 이란을 접경하고 있는 아프가니스탄을 침범하였으며, 1980년 9월 이란과 이라크 간의 전쟁이 발생하여 두 국가에서 수출하던 석유가 일부 중단되었다.

설상가상으로 가장 에너지 수요가 많은 미국에서는 원자

력이 화석에너지를 부분적으로 대체할 수 있으리라는 기대가 높았으나 1979년 3월 미국 펜실베이니아 주에서 "3마일 섬"(Three Mile Island) 원전 사고로 이러한 기대가 날아가 버렸다. 이러한 복합적인 정세로 유가는 배럴당 최고 42불로 치솟게 되었다. 두려움이 공포상황으로 변하였다.

1980년대, 구조조정과 유가 급락

급격한 유가상승으로 각국은 비상이 걸려 석유수요를 줄이기 위한 구조조정을 시급하게 시행하였다. 미국 정부는 에너지 효율성을 증가시키기 위하여 연비를 갤런당 27.5마일로 향상시키는 정책을 더욱 강화해 나갔으며, 전략 석유를 6억 배럴 정도 비축하였다. 1979년 3마일 섬의 원전 사고 이후, 미국은 신규 원자로 건설을 유보하였으나 전 세계적으로 176기의 원자로가 추가적으로 설립되어 석유의존도가 일부 경감되었다. 또한 알래스카, 멕시코, 북해 유전, 러시아 등에서의 석유 개발 역시 본격화되었다. 석유 생산은 증가한 반면 1979년 일일 6,300만 배럴까지 사용하던 국제 수요가 1983년 5,800만 배럴로 하락하여 국제시장에서 석유가 넘쳐나게 되었다. 이 결과로 1980년대 들어 유가가 곤두박질하게 되었으며, 1986년에는 배럴당 10불 미만까지 하락하였다.

1990년대, 또 다른 위기: 지역 분쟁, 유가 하락 그리고 합병

유가에 따라 국제정세가 어떻게 변하는가를 명확히 보여주는 예가 여럿 있으나 그 대표적인 경우가 이라크이다. 석유에 의존하던 이라크의 후세인 정부는 유가가 하락하면서 국내 경제가 휘청거리게 되자, 국내의 불안을 밖으로 돌리기 위하여 1990년 쿠웨이트를 침공하였다. 분쟁의 씨앗이 된 바스라 유정은 이라크와 쿠웨이트에 걸쳐 있다. 이 유정을 개발하기 위해 쿠웨이트는 국제석유기업을 이용하여 상당한 석유자원을 채굴한 반면 이라크는 노후화된 기술과 장비로 채굴이 미약하였다. 이라크 측은 쿠웨이트의 석유 채굴에 대한 반감이 높아가고 있는 와중에 유가까지 하락하면서 국내 경제의 어려움이 가중되었다. 이에 쿠웨이트가 이라크의 석유를 침탈하고 있다는 이유로 쿠웨이트를 점령하였다. 그러나 이라크 군은 미군 등 연합군의 군사조치로 아무런 성과를 거두지 못하고 후퇴하였다. 석유 자원에 대한 탐욕과 유가의 변동이 불러일으킨 전쟁이 이라크의 쿠웨이트 침공이다.

소련이 와해되고 러시아연방이 오랜 기간 어려움을 겪은 것도 유가의 변동과 관련이 있다. 소련은 정부 예산의 30% 이상을 석유에 의존하였는데 유가의 하락으로 정부 재정이 휘청거렸다. 더욱이 채굴 기술이 낙후되어 석유 생산과 수출에 문제가 생기면서 소련의 붕괴를 가속하는 계기가 되었다. 1991년 러시아연방이 태동한 이후에도 경제위기가 지속되어 정부는 민간 기업인으로부터 자금 지원을 받는 조건으로 석유기업의 지분을 판매하는, 소위 석유 지분 담보대출(loan for shares) 방안이 채택되었다. 이 결과 올리가르키(oligarchy)라고 불리는 일부 기업인들이 러시아 에너지 기업을 헐값에 사들이는 민영화 과정이 진행되었다. 당시 소련의 석유개발기술은 매우 낙후되어 1987년 일일 1,140만 배럴까지 생산했지만, 10년 후인 1996년에는 600만 배럴로 하락하였다. 석유에 의존하던 국가가 유가의 하락과 생산량의 급감으로 국가경제는 심각한 어려움을 겪었으며, 독과점 기업인이 민영화 과정을 틈타 국영 기업을 사들여 국가를 좌지우지하던 것이 1990년대 러시아의 모습이었다.

중앙아시아 국가에서도 석유로 인한 지역 간 갈등의 모습을 볼 수 있다. 소련의 붕괴로 자치공화국이었던 국가들이 독립하면서 석유 자원의 개발을 본격적으로 시작하였다. 카자흐스탄은 1970년대 발견된 텐기즈(Tengiz) 유정과 함께 카스피 해 유정·카라챠가낙 유정·카샤간 유정을, 아제르바이잔은 카스피 해 유정을, 투르크메니스탄은 자국 내 가스전을 본격적으로 개발하였다. 그러나 이들 국가가 당면한 문제는 생산된 자원을 어떻게 운송할 것인가 하는 것이었다. 이 틈을 이용하여 주요 강대국들이 산유국의 에너지 자원 운송에 관여하면서 이들 간의 힘겨루기가 진행되었다. 러시아는 자국 영토를 거치는 북부 송유관을 통하여, 미국은 러시아를 거치지 않고 아제르바이잔-그루지아-터키를 통한 남부 송유관을 통하여, 터키는 자국이 관할하고 있는 넓은 육상 및 해상 파이프라인을 건설하여 운송하는 방안을 주장한다.

운송뿐만 아니라 카스피 해 내의 석유 개발에 대하여도 관련국 간에 의견이 첨예하게 대립하고 있다. 카스피 해 내에서 아제르바이잔과 카자흐스탄 연안에 많은 석유가 매장되어 있다. 만약 카스피 해를 바다로 볼 경우 국제해양법에 따라 바다를 분할하게 되어 할당된 부분에 대하여 독점적인 개발권한을 가지는데, 이 경우 석유 대부분이 매장되어 있는 두 국가에게만 유리하게 된다. 이에 따라 러시아와 이란은 카스피 해를 바다로 간주하는 데 극구 반대하면서 호수로 보아야 한다고 주장했다. 호수로 보게 되면 연해국은 수 마일만 독점적인 영해권을 가지고 나머지 부문은 공동 개발을 하도록 되어 있어 오히려 러시아, 이란에게 유리하기 때문이다.

석유 운송 등의 문제로 카스피 해 부근의 분쟁도 심각하다. 1859년 러시아에 병합된 체첸은 과격한 독립운동을 벌이고 있지만, 러시아가 체첸을 포기할 수 없는 이유는 지정학적인 중요성과 함께 석유자원 때문이다. 코커스라고 불리는 이 지역에는 러시아 소속의 체첸, 다게스탄뿐만 아니라 여러 민족이 혼재되어 있다. 또한, 종교적으로도 얽혀 있어 아르메니아 및 그루지야는 기독교, 아제르바이잔은 이슬람교를 믿고 있다. 석유자원과 함께 종교적인 갈등으로 분쟁의 해결 실마리를 잡지 못하고 있다. 앞으로도 석유를 둘러싼 침예한 내립을 해결하기는 쉽지 않을 것이다.

북해 유전의 발견, 브라질 유정의 개발 등 과잉공급으로 1990년대에는 유가가 10불 초반대로 급락하면서 산유국에서의 갈등뿐만 아니라 국제석유기업에서도 커다란 위기를 맞았다. 위기를 타파하기 위하여 1998년을 전후하여 대규모 연합·합병이 이루어졌는데, 그 결과 엑슨 모빌, 셸, BP, 토털, 세브론, 에니(Eni), 코노코·필립스(ConocoPhillips) 사 등 새로운 7공주 국제석유기업이 형성되었다. 그러나 이들 국제기업은 예전 7공주 국제석유기업는 달리 그 위세를 떨치지 못하였고, 산유국의 국영기업 규모에도 크게 미치지 못하는 수준이었다. 새로이 형성된 7공주 국제석유기업이 확보한 세계 석유매장량은 5% 정도이며, 전체 석유생산의 15~18%에 불과하여 그 위세는 급격히 쇠퇴하였다.

2000년대, 유가 급등세

하락하던 유가가 2000년대에 들어서면서 상승국면으로 전환되었다. 평화가 정착되기보다 9.11 테러, 이라크 후세인 정권의 몰락으로 테러가 자주 일어나면서 중동의 불안이 상시화되었다. 이전과는 달리 대규모 유정의 발견이 주춤하고 석유자원의 고갈 가능성이 다시 제기되었다. 또한, 베네수엘라 차베스 정부가 석유를 통제하기 시작하고 러시아 푸틴 정부도 석유자원을 올리가르키가 아닌 국가가 관리하는 방식으로 변화시켰다. 이에 더하여 최대 수요국인 미국에서는 카트리나 태풍이 석유를 많이 생산하던 멕시코 만 지역을 강타하여 전체적으로 석유공급이 줄어들었다. 반면 중국, 인도 등 개발도상국에서는 성장이 계속되고 인구가 증가하여 석유수요가 늘어나면서 유가는 계속 상승세를 유지하였다.

이러한 변화로 2008년에는 유가가 배럴당 147불까지 올랐다. 이후 미국의 금융위기와 유럽의 재정위기로 40~70불로 급락하는 롤러코스터 양상을 보였다. 그러나 2010년 튀니지에서 시작된 민주화 혁명으로 이집트, 리비아 등 아랍국가 독재 정권의 몰락을 가져오고 석유자원의 생산지역인 중동에서의 정치적인 불안이 확산되었다. 또한, 세계적인 경기침체로 선진국의 수요가 줄었다고는 하나 중국·인도 등 개도국의 수요 증가로 100불대의 높은 가격을 계속 이어가고 있다.

석유의 유통과정과 유가에 대한 전망

석유가 어떠한 유통경로를 거쳐 우리가 사용할 수 있게 되며, 앞으로 일어날 유가의 변동은 우리에게 큰 관심사가 되고 있다. 통상 석유가 묻혀 있는 지역은 골고루 펼쳐져 있지 않고 편향적이다. 그 예로 러시아에서 많은 석유가 생산되나 인접국인 중국은 그다지 많지 않고, 리비아에서도 많이 생산되나 이집트에서는 거의 발견되지 않는다. 가장 많은 석유가 나고 있는 사우디아라비아 내에서도 가와(Ghawar) 지역, 이라크의 키르쿠크(Kirkuk)와 바스라(Basra) 지역에 편중되어 있다. 우리 인근지역인 발해 만에서는 석유가 생산되나 우리나라에서는 아직 발견되지 않았다.

이와 같이 편중된 지역에서 채굴된 석유의 유통과정을 예를 들어 살펴보면, 아라비아 사막에서 채굴되어, 물과 가스를 제거한 후, 송유관을 통하여 걸프 만의 저장소를 옮겨지고, 운반

선박에 채워 수만 마일 떨어진 항구로 이송한다. 그 다음 단계로 정유 처리를 하여 정유트럭에 넣어 주유소로 옮기면 우리가 가격을 지불한 후 휘발유를 차에 넣어 운행하게 된다. 이와 같이 여러 단계를 거치기 때문에 유가가 정치적, 경제적, 지역적 요인에 민감하게 움직인다.

그럼에도 우리가 늘 이상하게 생각하는 것이 국제 유가가 하락하는데 주유소의 휘발유 가격은 도통 내려가지 않는다는 점이다. 다른 나라의 경우 국제 유가의 등락에 따라 최종 소비재로 주유하는 휘발유 가격도 오르내리는데 국내에서의 주유 가격을 살펴보면 늘 상승하기만 하고 떨어지지 않는 하방경직성을 보인다. 국제 시세가 수시로 변동하고 있지만 국내 유가는 항상 상승세를 보인다는 것을 이해하기 어렵다. 그러나 정유사의 항변을 들어보면 상당히 다르다. 현재 리터당 주유 가격이 2,000원이라고 한다면 국제시장에서의 도입가격이 약 900원이고 각종 세금이 1,000원 정도이다. 차익 100원을 가지고 주유소가 50~60원 정도, 정유사가 10원 정도 이득을 보게 되어 있는 구도이며 환율의 변화도 많은 영향을 미친다고 주장한다. 즉, 현재의 여건에서 정유사가 폭리를 취할 수 있는 상황이 아니라고 주장하는데 다른 나라에서 등락하는 것과 비교하면 무엇인가 고리가 끊긴 것 같은 느낌이다.

미국에서 휘발유 가격을 보면 잔잔한 춤이 아니라 살사와 같이 격동적인 춤을 추고 있다는 것을 느낀다. 가격을 보려면 단위에 대하여 유의하여야 하며, 1배럴은 159리터, 1갤런은 3.78

리터이다. 휘발유 가격은 국제적인 시세가 등락하는 데 따라 움직이는데 1973년 배럴당 3달러에서 12달러로, 1979년에는 40달러로 상승하였다가 1999년에는 12달러로 떨어지기도 하였다. 2008년 중반에 147달러까지 상승한 이후 하반기에는 40달러대로 떨어졌다. 2011년 아랍의 봄 민주화 영향으로 다시 가격이 100달러대로 올라간 이후 내려올 기미를 보이지 않는다. 서민들은 유가의 급등락을 바로 느끼면서 민감하게 반응한다. 미국 주유소에서는 갤런 단위가 사용되는데 갤런당 4달러대로 상승하였을 때, 서민 생활에 미치는 부정적인 영향으로 인해 오바마 대통령의 재선 가능성에 먹구름이 낄 정도의 심각한 요인이 되었다. 갤런당 4달러 가까이 가게 되면 차량통행이 줄어들고 소비가 급격히 감소하면서 정치권은 이를 심각하게 느끼고 반응한다.

유가가 오르는 것에 대하여 산유국은 어떠한 입장일까? 마냥 좋아할 것 같지만 전혀 그렇지 않다. 오히려 우려하면서 안정적인 가격이 형성되기를 원한다. 높은 유가가 지속되면 다른 석유자원을 개발하거나 대체자원을 찾고자 하며, 소비가 줄어들기 때문이다. 미국에서 휘발유 가격이 갤런당 4달러일 경우 소비가 대폭 줄어드는 것과 좋은 예이다.

배럴당 100달러까지 올라간 유가가 국제경기의 위축으로 하락하리라는 기대가 높지만 쉽사리 내려갈 것 같지 않을뿐더러 내린다고 하여도 그 폭이 매우 미미할 것이다. 그 이유는 여러 가지인데 우선 그동안 세계의 석유은행 역할을 해 온 사우디아라비아의 석유공급이 앞으로 한계가 있다고 보기 때문이다. 사우디아라비아는 2011년 세계 전통석유의 21%(2,640억 배럴), 일일 소비(8,850만 배럴)가운데 880만 배럴을 생산하고 있다. 석유를 공급하는 여력이 충분하다고 주장하지만 가장 많이 생산하는 가와 지역에서의 석유생산설비가 낙후되어 한계에 도달하고 있다. 사우디아라비아뿐만 아니라 쿠웨이트, 멕시코 등에서도 낙후된 기술과 장비로 인하여 생산이 줄어들 가능성이 있다. 이러한 공백을 캐나다, 베네수엘라 등에서 대규모로 매장된 비전통석유가 메울 가능성이 어느 정도 있지만 과연 얼마만큼 부족분을 메워줄지 가늠하기 어려운 상황이다.

유가의 상승을 억제하기 위하여 소비를 줄이거나 국내 생산을 늘려야 한다. 전 세계적으로 지하의 셰일석유나 심해저 석유를 개발할 수 있기 때문에 생산증가를 도모할 여지가 있다. 또한 기술 개발로 하이브리드 차량, 혼합연료(flex-fuel) 차량에 전기 또는 바이오 퓨얼을 사용하여 석유 소비를 줄일 수 있다. 나아가 국제경기의 침체로 선진국의 수요가 줄어드는 면이 있을 것이다.

그러나 산유국의 생산역시 정체하는 가운데 중국, 인도 등 개발도상국에서의 석유소비가 크게 상승하는 추세이어서 전체적으로 유가가 하락하기는 어려울 전망이다. 이에 더하여 앞으로 경기가 살아나면 유가가 더욱 상승할 가능성이 높을 것으로 보인다.

석유에 대한 이해 그리고 전망

1. 석유와 가스는 어떻게 만들어지고 개발되나?

우리는 대규모 군단의 공룡이나 생물이 파묻혀 석유와 가스가 된다고 생각하는데 그보다는 해양이나 호수에 떠다니는 플랑크톤이라고 불리는 아주 조그만 생명체가 그 근원이다. 규조(규소 성분 함유), 유공충(원색동물), 방상충(해양 플랑크톤)과 같은 조그만 생물체가 바다 밑 부분에 가라앉아 수천 년이 흐르면서 이러한 퇴적물과 잔해들이 깊은 곳에서 두꺼운 퇴적층을 형성하며, 높은 수압과 지열로 석유와 천연가스가 된다.

잔해가 퇴적되어 바다 깊이 쌓이면 그 위로 진흙·모래·점토가 쌓여 퇴적되고 이에 수압과 높은 열이 가해지면서 석유와 가스가 되었다. 이렇게 생성된 석유, 가스가 저장 암반(reserve rock)에 자연적으로 갇혀 있게 된다. 지질상 갇혀 있는 장소는 통상 산봉우리처럼 볼록하게 위로 올라간 형태의 배사구조(anticline)나 지층 간 어긋난 부분인 단층구조(fault)에 주로 모이게 된다. 이 장소를 전자파 등을 이용, 탐사하여 발견하게 된다. 석유는 우리가 생각하듯이 지하 동굴 내의 물이 저장되어 있는 것 같이 모여 있는 것이 아니라 단단한 암반 사이의 틈이나 암반의 구멍이 있는 곳에 저장되어 있다.

지구의 암석은 화성암(마그마로 구성), 변성암(열이나 압력으로 변함), 퇴적암으로 구성되며 주로 퇴적암에 석유, 가스가 저장된다. 퇴적암은 사암, 점토암, 이판암(shale)으로 구성되는데 사암의 구멍이 비교적 큰 반면 점토암, 이판암 순으로 공간이 작다. 특히 이판암에 갇힌 석유나 가스는 나오기 어렵고 개발하기에 많은 비용이 드는 반면 사암은 구멍이 크고 석유와 가스가 비교적 쉽게 드나들도록 되어 있기 때문에 높은 압력이 가해지면 압력이 약한 방향으로 떠오르게 된다. 이렇게 떠오른 석유와 가스를 펜실베이니아, 텍사스, 루이지애나의 육상에서 발견하면서 지하에 있는 에너지를 개발하게 된 것이다.

산삼을 찾는 심마니와 같이 석유를 개발하던 초창기만 하더라도 지하의 동굴이나 호수에 매장된 것으로 알았고, 석유를 찾기 위하여 살쾡이(wildcatter)의 감각에 의존하였다. 얻은 석유를 정제하는 과정도 비효율적이어서 무조건 가열하여 정제물을 얻었지만, 활용한 것은 50%도 못되었다.

그러나 과학적인 접근을 하면서 커다란 발전을 이루었다. 지질 연구결과 석유, 가스, 물의 압력차이로 석유와 가스가 있는 곳은 언덕같이 튀어나온 배사층(anticline)이라는 것이 판명되었다. 지금까지 석유와 가스가 발견된 곳의 70%는 이러한 구조에서였다. 또한, 단층연구(stratigraphy)를 통하여 지하의 구조를 파악하였고, 파악된 석유유정에 가스를 주입시켜 채굴되지 못한 석유를 다시 걷어 올렸다. 이어 폭발물의 파동을 보내어 돌아오는 진동파를 통해 지층구조를 분석하여 석유부존지역을 파악하였다. 석유 탐사와 생산뿐만 아니라 정제하는 과정에서도 커다란 발전이 있다. 채굴된 석유를 가열하는 과정을 통하여 미세하게 세분화하여 다양한 부산물을 얻었다.

그동안 육상에서 주로 사용되던 추출방안은 수직으로 구멍을 뚫어 끌어올리는 방식이었다(Vertical Drilling). 그러나 최근 기술이 개발되어 그동안 갇혀 추출되지 못하였던 가스와 석유를 끌어올리고 있다. 세일암에 숨겨진 에너지를 끌어올리기 위하여 파이프를 수직으로 내려 보내다가 방향을 틀어 수평으로 파내려가는 수평굴착방식(Horizontal Drilling)을 사용한다. 수평 파이프의 여러 군데 구멍을 뚫어 이곳으로 물이나 모래, 화학물질을 분사하여 단단한 암반에 틈을 만드는 수압파쇄방식(Hydraulic Fracturing)으로 갇혀 있던 원유와 가스를 추출할 수 있게 되었다. 세일암석은 암갈색의 차돌같이 단단한 돌로 원유나 가스가 여기에 차단되어 있으면 나오기가 매우 어렵다. 이 암석에 바늘구멍과 같이 조그마한 틈을 만들어 이곳으로 빠져나오게 해야 한다.

흔히 전통(conventional) 석유 · 가스와 비전통(unconventional) 석유 · 가스의 차이에 대하여 질문을 한다. 사암층의 경우 공간이 듬성듬성하여(high-permeability) 갇혀져 있는 석유와 가스가 서로 움직이기 쉬우며 그 공간도 비교적 넓다보니 많은 양의 에너지원이 같이 갇혀 있다. 따라서 이를 수직으로 굴착하여 그 표면을 뚫게 되면 석유가 힘차게 쏟아 나온다. 이 광경은 자료 화면에서 보아 우리에게 비교적 익숙하다. 주로 사암층에서 수직 굴착 방식으로 뽑아내는 것이 전통적인 석유·가스이다.

반면에 셰일암의 경우 단단하고 공간이 매우 작아 갇혀 있는 석유와 가스가 서로 움직이기 쉽지 않다(low-permeability). 따라서 여기에 갇혀 있는 석유와 가스를 추출하는 것은 경제적인 실익이 그동안 없었으며 이를 뽑아내는 기술도 개발되지 않았다. 그러나 석유 가격이 상승하고 새로운 추출방식, 즉 수압파쇄(hydraulic fracturing) 및 수평굴착(horizontal drilling)으로 단단한 셰일암에 갇혀 있던 석유·가스를 함께 모아 끌어올리는 것이 가능하게 되었으며 이러한 방식으로 뽑아내는 것이 비전통 석유·가스이다.

우리나라는 암석 구조가 화성암으로 지형상 석유가 저장되기가 어렵다는 것이 일반적인 평가이다. 그러나 전문가들이 석유와 가스의 매장이 어려울 것으로 평가해 온 이스라엘의 해안에서 2010년 대규모 셰일가스전이 발견된 바 있다. 발해만 지역에서 중국이 석유를 생산하고 있는 점에 비추어 북한 지역, 나아가 한반도에서 석유 또는 가스의 발견 가능성이 없다고 배제하기보다 새로운 기술을 이용하여 재탐사할 필요가 있다고 본다.

2. 석유는 고갈되는가?

석유가 발견된 지 얼마 지나지 않아 1880년대부터 주기적으로 석유 고갈론이 고개를 들어왔다. 1차 대전과 2차 대전 당시에, 그리고 1970년대 석유위기 때에 석유가 고갈되리라는 강한 위기감이 조성되었다. 석유자원은 유한하기에 언젠가는 고갈되리라는 것은 자명하며 앞으로도 주기적으로 석유 고갈론이 제기될 것이다. 허버트(King Hubbert) 박사가 처음으로 석유 최대생산시점을 이론적으로 접근하였다. 그는 1956년에 석유 생산의 정점이 될 것이라고 발표하였으며, 캠벨(Colin Campbell) 지질학자가 뒤를 이어 석유 고갈론을 제기하였다. 이들은 석유 채굴량이 상승 후 하강하는 곡선을 이룬다는 전제 하에 중간점에서 가장 많은 생산을 한다고 가정하였다. 허버트 박사는 1965년 또는 1972년을 기점으로 하강할 것으로 추정하였고 캠벨 학자는 1989년, 1995년, 1996년 그리고 2002년을 예상하였다.

그러나 유가가 올라가면서 그동안 개발되지 않았던 심해저 석유, 셰일석유, 모래석유 등의 개발이 가능하게 되어 최근 석유생산량은 석유 고갈론자의 예측과는 달리 오히려 증가하는 양상을 보이고 있다. 1978년 이후 석유생산이 30%나 승가하였으며 모래석유, 셰일석유 등의 개발로 꾸준히 생산량이 늘어나고 있고 향후 당분간 생산이 증가할 것으로 보고 있다. 이에 따라 석유 생산이 최대로 일어나는 중간 기점에 대한 예측이 잘못되었다는 의문이 제기되고 있다.

물론 에너지원은 유한하다. 다만 정점이론에서와 같이 가까운 시일 내에 고갈되리라는 것은 지나친 이야기이다. 에너지원의 개발은 유가 및 신기술과 직결되어 있다. 유가가 낮을 경우에는 육상 또는 지하에서와 같이 커다란 어려움 없는 가운데 개발비용이 낮은 석유를 주로 개발할 수밖에 없었다. 이에 따라 땅에서의 석유 매장량이 급속히 감소했다. 그러나 유가가 상승하게 되면 새로운 에너지원을 개발하거나, 기술 개발을 통하여 기존 에너지원의 효율성을 높이고자 노력한다. 모래석유와 셰일석유 등 비전통 석유를 개발하거나 에너지 연비를 향상시키는 것이 이러한 예이다. 우리가 생각하는 이상의 비전통 에너지가 부존되어 있다고 하지만 이 자원 역시 어느 시점에서는 고갈될 수밖에 없음을 고려하여 대체에너지를 개발하려는 노력을 소홀히 해서는 안 된다.

석유고갈 여부를 논하기 전에 확실한 것은 현시점에서도 지구에 석유가 어느 정도 매장되어 있는지 정확히 알지 못하고 있다는 점이다. 다만 석유생산량이 줄어들기보다 늘어나고 있는 것은 석유생산이 수요공급의 원리에 따라 움직이고 있기 때문이다. 한정된 자원이 어느 정도인지는 모르지만 가격이 증가하면 기술 개발로 더 많은 자원을 생산하게 된다.

통상 석유생산지역에서 끌어올리는 규모는 기술의 한계로 부존량의 35~40%에 불과하지만 점차 기술이 개발되면서 이 비율이 증가하고 있다. 따라서 지난 30여 년간 새로운 유정이 발견되기도 하였지만, 아울러 기존 유정의 채굴 비율이 올라가면서 석유생산이 증가하고 있다. 석유가 처음 발견된 이후 현재까지 약 1조 배럴의 석유가 생산되었고, 앞으로 5조 배럴 정도의 석유가 매장되어 있다고 추정된다. 이 가운데 약 1조 4,000억 배럴을 기술적으로 생산가능하리라는 것이 옐긴 박사의 추산이다.

증가하는 수요에 대응하여 브라질 연안 심해저의 소금 층에 묻혀있는 석유, 캐나다의 모래석유, 미국의 셰일 암반에 묻혀 있는 석유를 기술 발전으로 개발할 수 있게 되었다. 2030년에는 지금보다 약 20%의 석유생산이 증가될 전망이다. 미국은 최근 자국에서 석유생산이 증가하자 1973년 1차 석유위기 이후 2005년까지 석유수입이 평균적으로 60%까지 이르렀다가 2011년에는 47%로 떨어졌다. 최근 급부상하고 있는 북다코타 주의 바켄(Bakken) 지역만 하더라도 2003년에 일일 생산이 1만 배럴이었는데 2011년에는 40만 배럴로 올라갔고, 2020년에 200만 배럴까지 상승할 것으로 예상된다. 이 경우 북다코타 주가 텍사스, 캘리포니아, 알래스카에 이어 4위의 석유생산지로 부상할 전망이어서 미국 내에서 석유구도가 급격히 바뀌고 있다.

세계적으로도 석유생산 구도가 변모하고 있다. 브라질은 2011년 11위의 생산국으로 국내수요를 충당하는 정도이었지만 심해저 소금층 밑, 해수면 아래 6,000~7,000미터에 위치한 유정에서 2020년경 일일 약 490만 배럴을 생산할 것으로 추정되어 세계 5위 생산국으로 올라설 가능성이 높다. 브라질의 매장 규모는 약 500억 배럴로 유럽 북해 유전에 버금가지만, 매장된 지역이 매우 깊어 개발에 한계가 있다. 북해 유전이 2,000~3,000미터, 멕시코 만 심해유전이 5,000미터 깊이인 반면 브라질 석유는 이보다도 깊은 곳에 위치하고 있어 기술개발이 병행되어야 하는 어려움이 있다.

높은 유가가 지속될 경우 첨단기술이 개발되어 심해저, 극지 등 지금의 기술로 개발하지 못하였던 지역의 석유를 생산할 가능성이 다분히 있으며, 이 경우 브라질뿐만 아니라 북미주, 아프리카 등의 지역에서도 석유 개발이 늘어나 국제적인 구도가 변할 것이다. 다만, 기술변화가 갑자기 이루어지기는 어렵고 상당한 재원도 소요되어 당분간 석유 생산 측면에서 여전히 중동의 우위가 지속될 것이다. 또한, 어느 정도까지는 석유를 증산할 수 있다고 하더라도 언젠가는 석유가 고갈될 것임에 비추어 태양력, 풍력 등 석유의 대체에너지를 개발하는 노력을 등한시해서는 안 된다. 국제석유기업들도 여전히 기존의 화석에너지 개발에 중점을 두고 있지만 연구중심의 자회사를 설립하여 기존 에너지를 대체할 수 있는 수소 에너지, 연료전지(fuel cell) 등을 개발하는 장기적인 연구 프로젝트를 운영하고 있음을 유의할 필요가 있다.

3. 석유에 감춰진 비밀

석유가 유한한 것은 누구나 알겠지만, 어느 정도 유한한지 아무도 모른다. 이는 석유가 지하의 호수나 동굴에 저장되어 있는 것이 아니라 아주 미세한 구멍이 있는 지표면의 암석에 가려져 있어 발견하기가 쉽지 않기 때문이다. 화석에너지를 개발하여 보면 통상 가스가 맨 위에 있고, 그 다음 석유, 그리고 가장 아래에 물이 있다.

동·식물 등 유기물이 수백 년, 수천 년간 퇴적되어 압력과 열을 받으면서 분해되어 석유가 형성되어 가두기 때문에 석유를 처음 채굴하면 샴페인 병의 따개를 열 때와 같이 높이 솟아오르게 된다. 이에 따라 석유가 있을 것으로 추측하는 지역을 무조건 채굴하면 석유를 회수하는 양은 미미하고 많은 석유를 아깝게 버리게 된다. 그동안 이러한 경우가 허다하게 발생하였다.

석유를 이해하기 위하여 먼저 석유 매장량이나 채굴량과 관련하여 용어를 알아야 한다. 우선 '부존량'(resources)은 파악할 수 있는 모든 매장 규모로, 기술적으로나 경제적으로 채굴하기 어려운 것을 포함한 모든 석유를 나타내기 때문에 커다란 의미가 없다. 오히려 유의할 것은 '회수 가능한 부존량'(recoverable resources)으로 경제적으로나 기술적으로 채굴할 수 있는 석유를 의미하며 이 가운데 일부분만이 채굴되어 거래되는 데 이를 '매장량'(reserve)이라고 한다. 매장량을 다시 세분화하여 '확인 매장량'(proven reserves)은 채굴하였을 때 이윤을 확보할 가능성이 90% 이상 되는 경우이며 '추정 매장량'(probable reserves)은 가능성이 50% 정도이고 '예상 매장량'(possible reserves)은 가능성이 10% 정도이다. 이를 전문가들은 P1, P2, P3로 구분하여 사용한다.

언론에서 우리가 접하는 용어는 이 기준에 따른 것이며, 2010년 기준으로 확인 매장량(P1)은 1조~1조 2,000억 배럴 정도이다. 이 가운데 65% 정도가 사우디아라비아·이라크·쿠웨이트·아랍 에미리트·이란 등 중동 5개국에 집중되어 있으며, 그 다음으로 베네수엘라와 러시아에 많은 양이 매장되어 있다. 매장량과 함께 회수율(recoverability)도 중요한데, 기술정도에 따라 회수율이 나라마다 다르다. 미국은 그 비율이 50%에 이르지만 러시아, 중동은 20% 수준이며 전 세계 평균은 35% 정도이다. 회수율이 차이가 나기 때문에 몇몇 산유국은 국제석유기업, 특히 미국 기업과 협력하여 회수율을 높이고자 하지만, 또 다른 산유국은 자국의 자산을 외국이 관리하는 것에 대하여 민감하게 반응하면서 과도한 진출을 경계한다.

땅 밑에 불을 일으키는 물질이 있다는 것은 구설로 들어왔지만, 사람들이 석유를 채굴하는 것은 쉽지 않았다. 초기에는 땅에서 솟아오르는 석유를 주워 담고 그 주위를 파헤치는 원시적인 방법을 사용했다. 이후 석유를 찾아다니는 사람들의 감각에 의존하여 채굴하다가, 다음 단계로 묘지 부근에서 석유가 나온다고 하여 묘지가 있는 지역을 많이 파헤치기도 하였다. 사람들이 묘지를 찾아다닌 이유는 통상 볼록 솟은 곳에 위치한 묘지에서 석유가 자주 발견되었기 때문이다. 나중에 과학적으로 분석하여 보니 석유매장 지역이 볼록 솟은 배사면(anticline)에 많이 위치하고 있기 때문이었지만 초기에는 그 이유를 몰랐다. 과학이 발전하면서 지금은 지질학에 근거하여 지표면 연구를 하고 또한 지진파를 쏘아 그 반응을 보며 석유 매장지역을 발견하고 있다.

석유를 충분히 채굴하여 고갈되었거나 또한 있다고 하여도 경제적으로 더는 쓸모가 없다고 판단하여 버리는 지역이 있다. 그러나 고갈되었다고 포기한 지역에서도 석유가 나오지 않는 것이 아니라 기술이 발전하면서 회수되지 못했던 석유가 엄청나게 나오는 경우가 허다하다. 이러한 이유로 중소 투자자들이 폐광된 유정을 사서 석유를 끌어올리는데 유가가 높을 경우, 폐광 유정에서 예상치 못한 수익을 올리기도 한다.

현재 대부분의 확인된 석유는 산유국 국영기업(Government Oil Company: GOC)이 소유하고 있으며 국제석유기업(International OilCompany: IOC) 소유는 8% 정도에 불과하다. 이에 따라 국영기업으로 구성된 새로운 7자매 기업이 국제석유시장을 지배하고 있다. 새로운 국영기업 7자매를 지칭할 경우 사우디아라비아의 아람코(Aramco), 러시아의 가즈프롬(Gazprom), 중국의 CNPC, 이란의 NIOC, 베네수엘라의 PDVSA, 브라질의 페트로브라(Petrobra), 말레이시아의 페트로나스(Petronas)이다.

엑슨 모빌 사 등 국제석유기업은 이제까지 석유개발자(operator)로서 중추적인 역할을 해왔지만 점차 개발지원자(service provider)로 변하면서 그 지위가 하락하고 있다. 이는 산유국 국영기업들이 채굴권을 배타적으로 가지고 자체적으로 개발하면서 국제석유기업의 설 자리가 줄어들고 있기 때문이다. 이에 따라 국제석유기업들은 그동안 지형적으로 어려웠던 심해저,

북극의 석유나 정유하기가 어려웠던 셰일석유, 모래석유 등의 분야로 진출하고 있다.

2010년 기준으로 전 세계적으로 일일 8,900만 배럴, 연간 300억 배럴을 사용하고 있어 현재 확인 매장량(P1)을 기준으로 한다면 불과 40여 년 후에 석유자원은 고갈된다. 물론 이 수치는 매우 한정된 정보만을 가지고 예측한 것이다. 2011년 70억 명의 인구가 2030년에는 83억 명으로 증가할 것으로 예상하여 그 수요가 증가되는 점, 확인 매장량 이상의 상당한 부존량이 있어 가격이 상승하거나 기술이 발전하면 개발될 가능성이 있는 점, 최근 셰일석유·모래석유와 같은 엄청난 규모의 비전통 석유가 묻혀 있는 점 등의 요인을 고려하고 있지 않아 소진 연한은 매우 가변적이고 늘어날 가능성이 크다.

그동안 비전통 석유는 액체의 탄화수소 덩어리인 전통 석유와 다르다고 평가되어 공식 통계에 포함하지 않았다. 또한, 유가가 낮았을 때에는 비전통 석유의 생산비를 회수하기 어려워 개발하지도 않았다. 그러나 국제 유가가 배럴당 16불을 상회하면서 이윤이 발생되어 베네수엘라, 캐나다 등에서 비전통 석유를 대규모로 채굴하기 시작하였다. 이 결과 비전통 석유도 공식 통계에 포함되었을 뿐만 아니라 확인 매장량이 크게 증가하였다.

또한, 매장지역을 추가적으로 발견하지 않더라도 기술발전을 통하여 상당한 규모의 석유를 회수할 수 있다. 자연적인 압력을 이용하여 채굴하는 석유(1차 회수, Primary Recovery)는 불과 15%이며, 최근에는 기술을 발전시켜 천연가스와 물을 주입하며 압력을 높여 남은 석유를 끌어올려 회수한다(2차 회수, Secondary Recovery). 나아가 3차원의 지진파 파동을 통하여 매장지역을 파악하고 수평 굴착을 통하여 그간의 수직 굴착보다 회수율이 크게 증가하였다. 더욱 발전된 기술, 즉 수증기 또는 화학물질을 주입시켜 천연가스와 물의 점도를 높이고 석유의 점도를 낮추어 석유가 올라오도록 하는 방법(3차 회수, Tertiary Recovery)을 사용한다. 이러한 방법으로 석유 회수율이 평균 35%까지 상승하였는데 1%가 상승하면 약 350억~550억 배럴이 회수되어 1~2년 소비를 충당할 수 있게 된다.

이러한 이유로 연간 소비량을 고려하여 확인 매장량을 소진할 기간을 계산하였을 때, 1948년에는 20.5년, 1973년에는 32년, 2005년에는 38년 등으로 점차 늘어나는 경향을 보이고 있다. 초기에 석유 고갈론이 확산되다가 수그러드는 이유가 여기에 있다. 유가가 낮으면 새로운 매장지를 개발하지 않아 소진 연한이 줄어들게 된다. 역으로 유가가 높아지면 새로운 매장지를 찾게 되거나 높은 채굴비용 때문에 개발하지 못하던 지역을 재개발하게 되는데 대표적으로 1970년대의 북해 유전과 2000년대의 캐나다 유전(oil sands)이 있다.

정치저인 산황 역시 석유개발의 방향을 바꾸는 중요한 요인이 된다. 1970년대 이후 산유국들이 유정을 국유화하는 조치를 취하자, 국제석유기업은 산유국의 통제를 받지 않는 심해저와 극지에서 석유를 개발하는 방향으로 변화하면서 석유 생산이 증가하고 있는 양상이다.

7장 석유의 움직임, 그 베일을 벗긴다

1. 고무줄 같은 석유 매장량

석유는 고갈된다고 하는데 가끔 발표를 보면 확인 매장량이 갑자기 증가하거나 또는 감소하는 것을 보고 의아할 것이다. 이는 1차적으로 유가와 관련이 있다. 1986년 이후 유가가 급락하면서 위험을 무릅쓰고 매장지를 찾으려는 움직임이 사라졌다. 그 당시 산유국은 자국이 생산하는 석유의 수요처가 충분하지 않아 가격이 하락할 것을 우려하면서 생산을 줄이고 새로운 광구를 개발하지 않았다. 국제석유기업도 산유국의 국유화 조치로 광구의 소유권이 줄어들어 예전보다 개발하기가 어려운데 더하여 유가가 낮아 기술 개발을 하지 않고 석유 탐사도 줄여 나갔다. 이러한 분위기가 1998년까지 이어지면서 유정의 추가 발견도 없었고 석유관련 기술도 개발되지 않아 확인 매장량이 줄어들었다.

이런 가운데 역설적으로 OPEC 국가에서는 1984년부터 1988년에 확인 매장량이 갑자기 2,370억 배럴이나 급증하였는데, 여기에는 이유가 있다. 1980년 이전 국제석유기업들이 중동지역의 석유 개발권을 가지고 있을 때에는 석유생산을 억제하여 고유가를 통한 이윤을 확보할 목적으로 실제보다 확인 매장량을 줄여 발표하였다. 그러나 OPEC이 매장량을 기준으로 국제석유기업에 생산 할당량을 배분하는 입장을 취하게 되자 국제석유기업들은 많은 할당량을 받기 위하여 1980년대 후반에 갑자기 진출하고 있는 지역에서 채굴할 수 있는 매장량을 늘려 발표하였다. 산유국들 역시 1970년대 이후 유가가 높아지자 보유하고 있는 매장지역에서 탐사, 개발을 확대하여 생산을 늘리기 시작하였다. 국제석유기업 그리고 산유국 국영기업은 특성상 독점적 이윤확보를 위하여 정보공개에 상당히 미온적일 뿐만 아니라 그 결과 매장량이 고무줄과 같이 늘어나고 줄어들 수 있다. 석유 산업을 이해하는 데 있어 이 점을 염두에 두어야 한다.

1990년대에 대체로 감소하던 매장량이 1998년 이후 늘어나는 국제수요에 대응하여 새로운 석유가 발견되면서 증가하였다. 이는 차드, 수단, 모리타니아, 아이보리코스트, 세네갈 등 아프리카 지역에서 석유가 새롭게 개발되고 가스 석유(gas liquid), 심해저 석유, 초중질유, 세일석유, 모래석유(tar sands) 등 비전통 석유를 채굴할 수 있게 되었기 때문이다.

오랫동안 석유를 생산하던 중동지역은 여전히 확인 매장량이 증가할 가능성이 높은데 이는 그동안 굴착 횟수가 매우 적어 충분히 채굴하지 않았다고 보기 때문이다. 미국은 세계 매장량의 3% 정도임에도 불구하고 수많은 지역을 굴착한데 비하여, 세계 매장량의 70%를 차지하고 있는 중동의 경우 굴착한 곳이 2,000여 군데에 불과하고 굴착장비도 매우 낙후되어 있다. 아울러 산유국이 석유산업을 국유화한 이후 국제석유기업은 산유국내에서의 탐사·시추 활동을 줄이게 되었던 반면 산유국은 자체적인 생산 기술이 부족하여 이 공백을 메꾸지 못하고 있다.

예를 들어, 이라크는 확인 매장량이 1,100억 배럴로 세계의 10%를 차지하면서 사우디아라비아, 이란에 이어 3위이다. 그러나 굴착 횟수를 보면 텍사스 주에서는 100만 차례나 이루어진 반면 이라크에서는 불과 2,300 차례만 실시되었으며, 또한 3-D 지진파 탐사나 수평굴착 등 최신 기술을 활용한 탐사활동이 이루어지지 못하였다. 이라크 생산의 70%가 1927년 발견된 키르쿠크(Kirkuk) 지역, 1961년 발견된 북 루마일라(North Rumaila) 1972년 발견된 남 루마일라(South Rumaila) 지역에서 이루어지고 있을 정도로 기존 유정을 개발하는 데 그치고 있다. 앞으로 첨단 기술을 사용할 경우 확인 매장량이 크게 늘어날 가능성도 있어 앞으로도 중동지역이 세계 석유의 든든한 공급처가 될 것이다.

이라크와는 달리 사우디아라비아 정부는 자국의 확인매장량이 점차 늘어나고 있다고 발표하는데 이에 대한 의구심을 표하는 의견도 있다. 전문가들은 사우디아라비아에서 2차 회수를 위하여 압력을 높일 목적으로 주입하는 물의 비율(water cut)

이 점차 증가하고 있다는 것을 이유로 내세운다. 채굴되지 못한 석유를 끌어올리기 위하여 물을 집어넣는데 예를 들어, 물과 석유의 비율이 30%라고 하면 물이 30%이고 석유가 70%를 의미한다. 2차 회수비율을 보면 전 세계적으로 약 25%이지만, 미국은 이 비율이 90%에 달하여 채굴된 유정에서 끌어올리는 석유가 10%에 불과할 정도로 매우 적게 남아 있다. 사우디아라비아 역시 37%이어서 세계 평균과 비교해 보면 매장량도 많이 남지 않았다는 주장이 설득력을 얻고 있다.

현재 사우디아라비아는 전 세계 매장량의 4분의 1 수준인 2,600억 배럴을 보유하고 있다. 세계 최대생산 지역으로서 사우디 일일 생산량의 2분의 1인 550만 배럴을 생산하는 알-가와(al-Ghawar) 지역이 발견된 것은 벌써 60여 년이 지난 1948년이다. 앞으로 생산량이 점차 줄어들 것으로 우려하기도 한다. 그러나 사우디아라비아에서 석유발견을 위하여 굴착한 횟수를 미국과 비교하면 매우 미미하여 향후 사우디아라비아 내 다른 지역에서 석유를 발견할 가능성도 상당히 있다. 쿠웨이트의 최대 생산지로 세계 2번째로 많은 석유를 생산하는 부르간(Burgan) 지역의 사례는 더욱 실감난다. 1938년 처음 발견되어 현재까지 280억 배럴을 생산했고 지금도 매일 170만 배럴을 생산하지만 1940년대 사용한 시설을 사용하고 있을 정도이다.

러시아의 경우도 예외는 아니며, 정치와 석유가 연결된 사례를 보여준다. 확인 매장량이 500억 배럴로 추산되는데 이 규모가 커질 가능성이 있지만, 생산기술은 매우 낙후되어 있다. 다른 국가에서 최신기술을 활용하면, 석유 회수율이 50%에 이르나 러시아의 회수율은 16%에 불과하다. 이러한 가운데 러시아 에너지 기업인 호도롭스키가 유코스 사를 운용하면서 미국의 석유전문 엔지니어링 회사인 슐럼버제(Schlumberger)를 고용하여 회수율을 9%에서 26%로 올려 크게 성공하였다. 호도롭스키는 이를 발판으로 국내 정치문제에 대하여 언급하자, 당시 대통령이었던 푸틴은 경쟁세력으로 인식하여 세금포탈 등의 이유로 구속한 바 있다. 이와 같이 러시아에서는 에너지와 정치가 연관되어 있다.

2. OPEC, 국제석유기업, 국영석유사 간의 뒤엉킨 경쟁

석유 구도를 정확히 이해하는 것도 중요하다. 1970년대 석유 위기의 여진이 우리의 기억에 여전히 남아 OPEC이 석유 생산과 가격결정의 전권을 가지고 있는 것으로 생각하기 쉽다. 그러나 OPEC은 2011년을 기준으로 전 세계 일일생산량 8,750만 배럴 가운데 3,330만 배럴 정도만을 생산하고 있으며 그 규모는 38%에 불과하다. 물론 1970년대에는 60% 수준까지 통제하기도 하였다. 주요 생산국인 러시아, 사우디아라비아, 미국은 2011년 각각 1,050만 배럴, 880만 배럴, 780만 배럴을 생산하면서 석유생산의 12%, 10%, 8.9%를 담당하고 있다. OPEC 국가 가운데 사우디아라비아에 이어 2위 생산국인 이란은 417만 배럴로 OPEC 비회원국인 중국(399만 배럴), 캐나다(329만 배럴), 멕시코(300만 배럴)에 비하여 크게 높은 수준이 아니다. 그럼에도 OPEC 회원국들이 국제시장에서 영향력을 미치는 이유는 생산되는 석유를 주로 수출하는 반면 비회원국은 주로 내수용으로 사용하기 때문이다.

국제석유기업(IOC)의 현황은 어떤가? 국제석유기업들은 석유매장지역의 8%를 관할하는데 불과하지만 생산규모는 세계 전체의 30%를 담당하고 있다. 그러나 채굴 비용이 저렴한 중동지역이나 러시아에서의 개발이 제한되어 있기 때문에 앞으로 석유 매장지역을 확보하는 것이 큰 과제가 되고 있다. 산유국들은 높은 가격을 유지하기 위하여 자국 내에서의 과잉 생산을 억제하려고 하고 있어 국제석유기업들은 아프리카의 미개발 지역, 심해저로 나가 탐사하고 모래석유·셰일석유 등 비전통 석유 생산기술을 개발하고 있다.

국제석유기업들은 새로이 등장하는 중국과 인도 국영회사의 도전을 받고 있다. 중국·인도 기업은 민간자본이 아니기 때문에 자국 정부의 지원을 받으며, 주주를 의식할 필요가 없다. 따라서 산유국의 석유개발 사업권 수주 경쟁에서 높은 가격을 제시하고 있어 국제석유기업으로는 어려움이 더해 간다. 인권 등의 문제로 국제사회에서 눈총을 받는 산유국들은 중국과 인도 기업의 진출을 환영하고 있는데 이들 기업이 높은 가격으로 석유 개발권을 사고자 하기 때문이다. 구체적으로 중국 석유공사(CNPC), 그 자회사인 Petrochina, CNOOC(China National

Offshore Oil Corp.), Sinopec(China Petrochemical Corp.), 인도의 ONGC(Oil and Natural Gas Corp.), 말레이시아의 Petronas와 같은 회사들로서 베네수엘라, 수단, 미얀마 등지에 진출할 경우 환영을 받고 있다. 또한 중국 석유회사들은 공격적이다. 이들은 리비아, 알제리, 이란, 베네수엘라, 차드 등에서 투자 기회를 잡으려 하고 있다.

중국기업은 미국의 첨단 기술이전을 집요하게 추진하고 있다. 중국석유기업인 CNOOC 사는 미국에서도 역사가 오래되었고 비교적 규모가 큰 석유 회사인 유노캘(Unocol) 사를 2005년 인수하려고 하였으나 미국 내 여론의 반발로 무산된 바 있다. 그러나 2011년 중국 기업은 미국 체사피크 사(Chesapeake)의 셰일가스 지분을 구입하여 참여하였으며, 캐나다에서도 기업 인수를 통하여 직접 투자 비중을 높여가고 있다.

국제석유기업은 정부의 통제를 받고 있는 산유국의 국영기업과도 힘겨운 경쟁을 하고 있다. 대표적으로 러시아 기업은 시장 현황 자료들을 국제석유기업과 공유하지 않는다. 산유국에서 자원 민족주의(resource nationalism)가 팽배해지면서 이들 국가의 국영기업들은 자원개발전략을 외국 기업에 의뢰하지 않는다. 또한 그동안 개발경험이 쌓여 구태여 자국의 자원개발을 위하여 협력할 필요성을 느끼지 못하는 경우도 있다. 예를 들어, 사우디아라비아의 Aramco 사, 브라질의 Petrobras, 말레이시아의 Petronas, 노르웨이의 Statoil 사 등이다. 이들은 자체적으로 탐사 · 개발 · 인프라 구축을 하면서 필요한 경우 외부 기술용역을 주는 방향으로 변하고 있다. 이로 인하여 엑슨 모빌사·BP·쉐브론 사 등 대형 국제석유기업은 그 영향력이 줄어드는 반면 그동안 설 땅이 많지 않았던 핼리버튼, 슐림버제 등과 같이 전문 기술을 가진 석유기술사(oil service companies)들이 산유국 국영기업, 중국·인도 기업, 국제석유기업으로부터 외부기술 협조요청을 받으면서 오히려 성장하고 있다.

이와 같이 국제석유기업과 국영석유사 간의 치열한 경쟁이 지속되면서 석유 가격에 따라 새로운 매장지를 찾아 투자가 이루어지고 기술발전이 이루어진다. 이 과정에서 회사들의 존폐가 뒤엉키고 있다. 즉, 석유의 생산과 시장에서의 판매 과정에서 정태적이 아니라 동태적인 변화가 순간순간 일어나고 있다.

3. 석유의 품질, 정제과정과 가격을 알아보자

와인과 같이 석유도 천차만별이다. 그 가격을 정하기 위하여 단위로 배럴을 쓰지만 실제로 석유를 배럴 통으로 운송하지 않는다. 배럴은 단위일 뿐이다.

석유를 평가하는 두 가지 기준은 밀도와 유황성분의 포함률이다. 밀도는 미국 석유 연구소(API : American Petroleum Institute)가 정한 수치를 따르며, API 수치가 높을수록 밀도가 가볍다. 10°가 물과 같은 밀도이며, 45°가 가장 가벼운 것으로 본다. 10° 이하가 초중질유, 10~25°가 중질유, 26~34°가 중간유, 35~45°가 경질유로서 언론에 자주 거론되는 브렌트 유는 38.3°, 서부 텍사스 유는 39.6°로 경질유이다. 우리가 생각하는 석유는 검은 색을 띠면서 역청과 같이 잘 흐르지 않지만, 이외에도 분홍빛을 띠면서 물처럼 흐르는 석유와 초록색 빛을 띠는 석유도 있어 보면 신기할 따름이다. 리비아 내전으로 수출이 막혀 국제 석유가의 상승을 가져온 리비아 석유는 노란빛의 경질유로 품질이 매우 좋은 석유이다.

유황성분을 보유한 정도에 따라서도 구분하는데, 0.5% 이하가 들어있으면 달콤한 석유(sweet oil), 0.5~1.5% 정도이면 약간 쓴 석유(medium sour), 1.5% 이상이면 쓴 석유(sour oil)로 구분한다. 이 용어는 초창기 석유를 발견하던 사람들이 유황성분을 확인하기 위하여 맛을 보던 데에서 유래하고 있다. 통상 경질유가 유황성분을 적게 함유하고 있지만, 반드시 한 종류가 한 지역에만 있는 것이 아니다. 한 지역에 중질유, 경질유, 달콤한 석유, 쓴 석유가 혼재되어 있기도 하다. 이외에도 끈끈한 정도(viscosity)에 따라 석유를 구분하는데 점도가 높을수록 잘 흐르지 않는다.

현재 발견된 석유의 약 60%는 중간유로 유황성분을 중간 이상 보유하고 있으며, 20%는 경질유로 그 가운데 2분의 1 정도만 유황 보유량이 비교적 적다고 보면 된다. 중동 석유는 대체로 중간유로 유황을 비교적 많이 보유하고 있다. 사우디아라비아가 생산하는 아라비안나이트 유(Arabian Night)는 API가 34°로 중간유와 경질유 경계에 있으며, 유황을 평균 정도 함유하고 있다. 리비아의 수출이 중단되어 국제 유가가 급등한 이유는 리비아 석유가 고급 경질유이기 때문에 이탈리아, 프랑스 등 수입 국가가 경질유가 아닌 다른 석유를 도입하더라도 이를 정제할 수 있는 시설이 충분히 준비되어 있지 않아 정제 석유를 생산할 수 없었기 때문이다.

석유가 지난 100여 년간 생산되어 왔고 고갈 가능성이 여러 차례 제기되어 이제 생산되는 석유는 품질이 낮은 끈적끈적한 것일 것으로 생각하기 쉬우나 경질유도 꾸준하게 어느 정도 생산되고 있다. 이는 기술 개발로 기존 유정 깊숙이 있는 석유를 끌어 올릴 수 있기 때문이다. 석유의 품질이 제각각이기 때문에 정제시설도 다양하며, 이에 따라 각국별 정제산업이 다르게 발전하고 있다.

석유는 정제과정을 거쳐 100여 가지 이상의 제품을 생산하는데 크게 4가지로 분류된다. 경질유(자동차에 사용되는 휘발유, 화학제품에 사용되는 나프타), 중간유(비행기 연료로 사용되는 등유, 대형차 · 우주선 · 산업용으로 사용되는 디젤유), 찌꺼기 유(발전용으로 사용되는 연료액), 특정 품목(아스팔트 제작에 사용되는 역청, 기계류의 운용에 사용되는 윤활유, 코크스 등)이다. 석유를 채굴하게 되면 상당 부분을 휘발유로 사용할 것이라 생각하지만 이 비중은 15% 정도에 불과하다. 예를 들어, 기본적인 정제를 하면, 텍사스 유(39°API, 유황 함유도 0.2%)로부터는 휘발 석유가 16%, 찌꺼기 석유가 35% 정도 나오지만, 러시아 우랄 유(32°API, 유황 함유도 1.3%)로부터는 휘발 석유가 12%에 불과하고, 찌꺼기 석유가 45%나 나온다.

정제과정은 원유를 가열하여 여러 성분을 나누는 증류(distillation), 석유의 순도를 높이는 유황제거(desulfurization), 불완전 연소를 방지하기 위한 과정(reforming unit)으로 이루어지는데, 아주 기본적인 방식(cracking)으로 정제를 하면, 기본 특성을 지울 수 없어 찌꺼기 석유가 50%나 나온다. 그러나 고도의 정제과정(hyper-cracking)을 거치면 저급의 우랄 유로부터도 휘발 석유가 25%, 디젤 석유가 50%, 찌꺼기 석유가 16% 정도로 나온다. 따라서 품질이 좋은 서부 텍사스 유를 기본적인 정제과정을 거쳐서 얻는 것보다 품질이 낮은 석유로 고도의 정제과정을 거치는 것이 더 가치가 높다. 따라서 점차 고도의 정제과정을 통하여 유황이 적은 경질유를 생산하고자 치열한 경쟁을 하게 된다.

이러한 기술적인 면을 고려하면 석유 가격은 품질·시장 여건·정치적인 요인·정제기술 등 여러 측면을 반영하여 결정된다. 그러나 간과해서는 안 될 요인이 있다. 장래 수요와 공급에 대한 전망이다. 대부분의 석유 구매 계약은 생산자와 석유회사 간의 중·장기 계약으로 이루어지며 구매 가격은 현물시장과 선물계약을 반영하여 결정된다. 현물시장에서 결정되는 것은 30%에 불과하며, 상당부분이 선물계약으로 이루어지는데, 주로 1개월, 2개월, 3개월 계약 거래이다. 신문에서 원유 가격이 상승했다거나 하락했다고 하면, 이는 통상 어느 특정 석유(예 : 서부 텍사스 유 또는 브렌트 유 등)의 선물계약가격의 변동을 의미한다. 당연히 좋은 품질의 석유(예 : 서부 텍사스 유)와 낮은 품질의 석유(예 : 멕시코 마야 유) 간에는 가격 차이가 나는데 고도의 정제시설을 갖춘 경우 낮은 품질의 석유를 구입하여 정제를 통하여 부가가치를 올린 후 높은 이윤을 낸다. 이처럼 정제과정은 매우 중요하다.

정제시설규모와 소비 간의 균형을 이루기가 쉽지 않은데 미국의 경우 일일 1,700만 배럴을 정제할 수 있는 능력이 있는 반면 소비는 2,000만 배럴에 달하고 있다. 또한, 각 주마다 규제권한을 가지고 있어 18종류의 혼합배율이 다른 휘발유를 생산하고 있고 정제시설도 상이하다. 유럽은 석유에서 추출되는 용액 가운데 휘발유 중심에서 디젤로 옮겨가고 있지만 디젤 정제시설이 충분치 않아 디젤은 부족하고 휘발유가 남아돌고 있는 실정이다. 아시아는 충분한 정제시설이 있기는 하지만 중질유와 유황성분이 많은 석유를 정제할 시설은 부족하다. 이와 같이 지역별 특성, 정제시설의 기술적인 요인, 정부의 투자와 규제제도 등으로 석유가격이 지역별로 차등화 되어 있는 이유이다.

석유는 20세기의 에너지원이었지만 그 비중이 점차 낮아지고 있다. 20세기 들어 1973년까지 생산량이 매년 6.5% 성장하고 수요도 10년마다 2배씩 늘어났지만 1973년 이후에는 매년 1.6% 정도로만 생산이 증가되고 있다. 1970년대만 하더라도 세계 에너지원 가운데 석유가 45% 정도이었으나 이제는 34%로 줄어들었다. 2011년 일일 8,750만 배럴 석유수요 가운데 50%가 수송목적이다. 특히 선진국에서는 석유를 주로 수송용으

로 쓰고 있으며, 발전·온방·석유화학제품 제조 등의 목적으로
는 석유가 아니라 천연가스 등의 다른 에너지원을 사용하고 있다.

개발도상국에서 인구증가 및 경제성장에 따라 석유수요가
늘어나기도 한다. 하지만, 일차적인 이유는 정부의 보조금 지
급으로 석유 사용이 보다 경제적이기 때문이다. 이에 따라 아
시아의 1인당 석유수요가 유럽 또는 미국보다 훨씬 높다. 유럽
의 선진국은 석유 사용을 크게 줄이고 있지만 중국은 경제성장
의 여파로 자동차 사용이 증가되는 등 석유수요가 급증하고 미
국은 석유를 과도하게 쓰는 습관에서 벗어나고 있지 못하여 석
유수요가 크게 줄어들지 않는다.

종합해보면 경제가 성장하는 아시아와 중남미의 석유수요가
증가하는 반면, 에너지를 효율적으로 사용하는 선진국의 수요
가 줄어들고 있다. 또한, 최근 경제침체로 산업 수요가 줄어들
어 이들의 상반된 요인이 복합적으로 작용하여 가격이 결정된
다. 앞으로도 유가가 점차 높아질 것으로 예상되는데 이 경우
선진국뿐만 아니라 개발도상국의 생활습관과 산업구조에 많은
변화를 줄 것이다.

4. 유가 예측은 원천적으로 어렵다

석유 시장 변동요인을 전반적으로 예측하는 것이 쉽지 않은
가장 큰 어려움은 통계자료가 정확하지 않다는 점이다. 국제석
유기업(IOC)이 석유를 통제하던 때나, OPEC이 담합하여 공급

을 조절하고 있는 현재, 이들 산유국과 기업뿐만 아니라 중국, 러시아 등 구 공산권 정부도 석유 매장량 등에 대한 정확한 자료를 제시하지 않는다. 이에 따라 유가, 생산 규모 등을 예측함에 있어 원천적으로 커다란 괴리가 있을 수밖에 없다.

둘째는 석유 생산 여유규모를 예측하는 것은 원천적으로 어렵다. 유가가 상승할 경우 여유 시설이 부족하여 생산시설을 확장하게 되는데 공사를 하여 석유를 추가 생산하는 시점에서는 이미 수요가 축소되면서 오히려 생산 여유 시설이 더 많게 되는 현상이 발생한다.

셋째, 유가는 우리가 생각하는 것과는 달리 생산 원가가 수송 및 정제 비용에 그다지 영향을 받지 않고, 오히려 세금에 상당한 영향을 받는다. 특히 유럽은 국제유가가 배럴당 100불이라고 할 때, 소비자가 지불하는 경비는 수송, 정제비용, 세금, 이윤 등이 추가되어 300~400불에 이른다. 미국에서는 세금이 20~22%이지만, 유럽과 일본에서는 무려 50%에 이른다. 독일 기술협의회에서 조사한 2008년 현재 휘발유 가격 기록에 따르면 미국의 휘발유 소매가격을 1로 했을 때 대부분의 유럽국가가 2배 이상(프랑스 2.28, 독일 2.21, 이탈리아 2.19, 네덜란드 2.52, 스웨덴 2.30, 영국 2.13)인 반면 일본은 1.91, 한국 1.54, 중국 0.95로 아시아 국가의 휘발유 가격이 비교적 낮은 것으로 나타났다.

유가의 급등락은 앞으로도 계속될 것이다. 현재에도 석유가 풍부하게 매장되어 있는 중동 지역의 석유를 먼저 개발하게 되면 유가가 급속히 하락할 가능성이 있지만 산유국은 높은 유가를 유지하기 위하여 추출이 용이한 지역에서의 석유 채굴을 제한하고 있다. 이에 따라 국제석유기업은 심해저 유정, 극지 유정, 모래석유 등 개발하기 어려운 지역에서 채굴사업을 이행할 수밖에 없으며, 또한 높은 이윤을 동시에 확보하고자 하여 고유가가 지속될 것이다.

5. 석유위기 신드롬, 그 허와 실

주요 산업이 석유에 의존하는 한 소비국은 석유고갈에 대한 조바심과 석유위기 신드롬이 존재하게 되고, 산유국에서는 자원민족주의가 더욱 기승을 부리게 된다. 소비국이 에너지를 확보하고자 노심초사하는 것은 어떤 면에서는 자원고갈이나 자원부족에 따른 극도의 조바심 현상이기도 하다. 소비국은 더 많은 자원을 확보하려고 하고, 산유국은 정치, 경제적 우위를 더 확보하려고 하여 충돌할 것 같지만 시장의 법칙은 이러한 힘의 대결을 조정한다. 석유가 부족하다고 하여 산유국이 끊임없이 많은 영향력을 미칠 것 같지만 산유국 간의 경쟁, 새로운 자원의 개발 등으로 조정과정을 밟게 되고 석유가 풍족하다고 하여 낮은 유가가 지속될 것 같지만 수요의 증가와 자원투자의 유보 등으로 유가가 상승하는 조정을 밟게 된다.

7자매 국제석유기업은 공급가격을 올리기 위하여 생산을 제한하는 방법으로 1950~70년간 과점적 지위를 누렸지만, 기업 간의 경쟁과 산유국의 반발로 그 지위가 무너졌다. OPEC 국가도 1973년 이후 상당기간 소비국의 조바심을 이용하여 유가를 높게 유지하였으나 1986년 이후 독점적 위치가 와해되기 시작하였다. 여전히 OPEC이 석유공급에서 차지하는 비중이 높기는 하지만 OPEC의 독점적 지위는 예전보다 많이 희석되고 있다. 이는 OPEC의 역할이 회원국 간의 정치적 이데올로기, 정책, 경제적 목표가 달라 공동의 목표를 추구하기보다 개별 국가의 이해를 추구하며 조정하는 정도에 불과하기 때문이다. OPEC이 생산량을 조정하여 높은 유가를 유도하면, 단기간 효력이 발생하지만 국제석유기업이 이 틈을 파고들어 유가가 낮았을 때 개발하지 못하였던 지역의 석유를 개발하게 된다.

1973년 석유위기의 잔영이 여전히 남아 산유국에 대한 부정적인 시각과 함께 산유국의 정세가 불안정하고 석유를 무기로 소비국을 이용하려는 경향이 있다는 시각이 지배적이다. 중동 5개국인 사우디아라비아·이라크·이란·아랍 에미리트·쿠웨이트에 65%의 확인된 석유가 매장되어 있으며 이들은 현재 30% 정도만 생산하고 있다. 그럼에도 이들 국가가 유가를 통제할 여지가 충분히 있으며 걸프 만 국가의 위상이 당분간 줄어들 가능성은 적다.

그러나 이들 국가들이 마냥 유가가 올라가기만을 바라는 것은 아니다. 적정한 수준의 가격으로 적절한 수입이 생겨 과점적인 지위가 훼손되지 않는 것이 이 국가들의 바램이다. 만약

유가가 높을 경우 대체에너지를 개발하거나, 경제가 둔화되어 수요가 줄어들어 부메랑으로 돌아와 피해를 보기 때문이다.

실제로 걸프 만 국가의 경우 국가경제에서 석유가 GDP의 40%, 수출의 85% 정도를 차지하고 있으며, 특히 석유에 의존하는 경직적인 경제구조로 유가의 급등락을 원하지 않는다. 더욱이 인구 분포상 1970년대 이후 인구가 증가하여 24세 이하의 젊은 층이 인구의 50% 이상을 차지하고 있어 석유가 일자리 창출 측면에서 차지하는 비중은 절대적이다. 그럼에도 석유산업에 대규모 인구를 고용할 수 있는 것이 아니다. 사우디아라비아는 인구 2,100만 명 가운데 석유생산업체에는 불과 5만 4,000여 명, 석유화학기업에는 1만 6,000여 명만이 종사하고 있다. 결과적으로 적절한 석유수입이 확보되어 사회보장을 제공하는 것이 중요하며 그렇지 않으면 사회적 혼란이 발생할 수 있는 여지가 항상 있다. 현재와 같이 유가가 높으면 문제가 없으나 급락하게 되면 산유국은 커다란 위험에 봉착하게 된다.

소비국이 산유국에 의존하고 있는 것과 같이 산유국 역시 소비국에 의존하고 있다. 우리가 에너지 안보에 조바심을 내는 것과 같이 산유국은 석유수요 확보에 조바심을 내고 있다. 이에 따라 상호간에는 중·장기적인 면에서 서로 신뢰할만한 공급자와 수요자가 되기를 원하고 있는 것이 국제 석유시장의 구조라는 점을 이해해야 한다.

1970년대 석유위기 이전에 소비국은 가격에 커다란 신경을 쓰지 않고 대체에너지 개발 연구를 하지 않았다. 하지만 석유위기로 가격이 급격히 상승하게 되자 소비를 줄이고 대체에너지 개발 연구에 많은 투자를 한 바 있다. 대체에너지 개발의 속도와 규모는 유가의 공급가격과 석유가 앞으로 가용한 기간에 따라 크게 달라진다. 우리는 이란 등이 유가를 크게 올리기를 원한다고 생각하지만 오히려 이들 국가는 공급가격과 공급물량이 안정화되기를 원하고 있다. 이에 더하여 기술이 낙후되고 선진국으로부터 기술이전을 받기가 어려워 생산량 증가가 쉽지 않다. 따라서 OPEC 국가는 급격한 가격인상이나 인하를 원하고 있지 않다. 물론 이란이 석유를 무기로 활용하지 않는다는 것이 아니다. 국제시장에서 공급이 제한적이어서 유가가 높거나 정치적인 긴장이 고조되면 당연히 이를 활용하고자 하지만, 이란도 산유국에 유리한 상황이 예외적이며 오래 지속될 수 없다는 사실을 잘 알고 있다.

석유에 상당히 의존하는 국가들에게 고유가가 축복이 될 수 있지만 저주가 될 수도 있다. 신정정치를 하는 이란이 석유를 무기로 사용할 것으로 예상하지만, 오히려 석유 쿼터를 급격히 올리는 데 반대한다. 소비국은 이란, 베네수엘라와 같은 국가들이 석유수출금지 조치를 통하여 서구 국가들에게 타격을 주지 않을까 우려한다. 하지만 산유국은 국가 경제가 석유에 상당히 의존하고 있기 때문에 짧은 기간 정도라면 가능할지 몰라도 긴 기간에 걸쳐 소비국에 타격을 주기는 어렵다는 것을 안다.

마찬가지로 소비국이 산유국에 영향을 미치는 것도 쉽지 않다. 우리는 서구 국가들이 중동에 대한 의존도를 줄이기 위하여 약간 높은 가격을 주고서라도 중동 아닌 다른 지역의 석유를 도입하면 되지 않을까 생각한다. 이러한 상황을 포착하게 되면 중동국가들은 더 많은 석유를 방출하여 국제 유가를 낮추어 다른 지역에서의 구입효과를 반감시킨다. 서구 국가들이 중동의 싼 석유를 배제하고 다른 지역의 비싼 지역의 석유를 구매할 동인을 없앤다. 따라서 현재의 국제시장 구도에서 서구 국가들이 쉽게 시장에 영향을 주기 어렵다.

석유는 그 가격의 변동이 심하고 급등락하며 단기간 동안 어느 정도 부족하거나 넘치는 것이 불가피하다. 또한, 유가는 시장의 논리에 의하여 좌우되기에 유가 변동에 덜 영향을 받으려면 소비 습관을 건전하게 하는 것이 중요하다. 석유 생산과 거래는 이와 같은 속성을 가지고 있어 정책을 취하는 데 있어 쉬운 결론을 도출하기가 어렵다.

6. 석유를 둘러싸고 되풀이되는 현상: 급등락하는 유가, 석유사의 독과점

역사가 되풀이되지만, 우리는 쉽게 망각한다. 유가가 급등락하는 롤러코스터 현상이 현재의 특이한 현상으로 생각하기 쉬우나 이는 1850년대 개발 초기 단계부터 지금까지 수요와 공급 및 정치적 상황에 따라 수시로 일어나고 있다. 10센트에서 10불까지 오르내리기도 하고 어느 때에는 석유보다 석유통(배럴)이 더 비싼 경우도 허다하였다.

1859년 드레이크 대령이 처음 대규모 석유를 미국 펜실베이니아 주에서 끌어올린 후, 1860년에는 배럴당 10센트 수준이었다. 그러나 1861년에는 100배가 오른 10불이 되었고, 1862년에는 1.5불, 이후 10년간은 2~8불을 왔다 갔다 하였다. 20세기 초반에는 높은 수준을 유지하던 유가가 다양한 기술이 개발되면서 석유생산이 급증하여 떨어지다가 이후 대공황의 영향으로 더욱 급락하였다. 1920년에 3달러, 1925년에 2달러 하던 유가가 1931년에는 불과 몇 센트로 급락하였다. 이러한 현상은 1970년대 이후에도 일어나고 있다. 1970년대 1차 및 2차 석유위기를 겪으면서 유가가 3~4배 상승하였다. 그러나 1980년대에 하락하기 시작하여 1980년 후반에는 배럴당 7불 정도로 떨어졌다. 2000년대 들면서 상승하기 시작하여 2008년에는 147불로 올랐다가 다시 40불 수준까지 떨어졌으며, 2011년 하반기부터 100불대를 상회하고 있다.

미국석유가격 변동추이

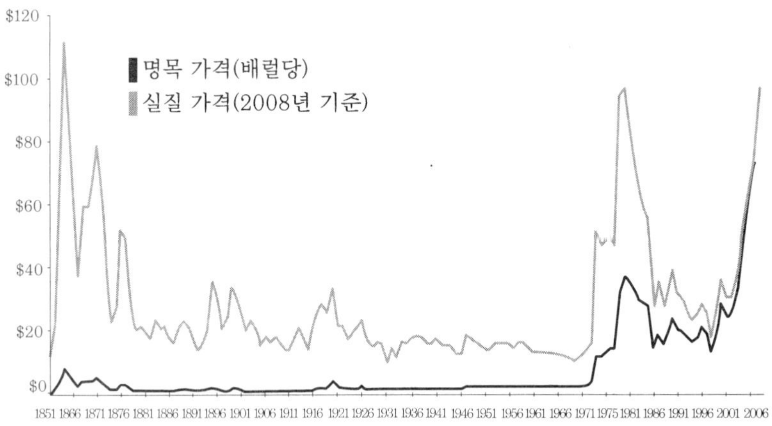

자료원: 미국 연방 에너지 정보처

　석유의 독과점도 되풀이되고 있다. 20세기 초기에 미국의 스탠더드 오일이 정제, 수송(downstream) 부문에서 독과점을 하였다면 지금은 OPEC 및 산유국 기업이 개발 및 생산 과정(upstream) 부문에서 독과점을 하고 있다. 석유 대기업의 온화한 얼굴 뒤에는 탐욕의 그림자가 항상 병존하였다. 현재 영국 석유 사 BP는 자사의 로고를 "석유를 넘어"(Beyond Petroleum)라는 참신한 이미지를 내세우고 있다. 그러나 2010년 멕시코 만 유정 사고와 같이 엄청난 자연재해를 유발할 당시 위험관리 없이 심해저에서 원유를 발굴한 것으로 조사되었다. 이윤을 추구하기 위해서라면 무리한 작업도 불사하는 것이 국제석유기업의 행태이기도 하다.

8장

셰일가스의 혁명과 심해저 자원

1. 새로운 에너지원: 셰일 암과 심해저에서 구하다

국제 에너지 전문가들과 해외 언론은 최근 에너지의 역학변화(Game Change)가 일어나고 있다는 용어를 자주 사용하고 있는데 어떠한 변화가 일어나고 있다는 의미인가? 가장 괄목할 만한 변화는 셰일가스의 개발과 심해저에서의 석유개발이 가능하게 되었다는 점이다. 이 결과로 에너지원 비중에서 가스가 중요해지고, 에너지 생산지역이 중동 위주에서 중동·미주·아프리카 지역으로 다변화되고 있다.

가장 커다란 변화는 셰일가스의 개발이다. 20세기에는 석유를 개발하다가 같이 나온 가스를 태워 없앨 정도로 가스 집적 기술이나 가격 면에서 경제성이 없었다. 석유는 수송·발열·발전·화학제품 생산 등 여러 용도에 쓸 수 있었고 송유관·철도·트럭으로 운송하기가 쉬웠다. 하지만 가스는 사용용도가 제한적이었고 집적·운송이 쉽지 않아 "석유는 돈이고 가스는 쓰레기이다."(Oil is Cash, Natural Gas is Trash)라고 할 정도이었다.

이후 가스의 액화기술, 액화가스(LNG) 운송 등 기술발전이 이루어지고 가스가 석유보다 친환경적이라고 평가되면서 가스 수요가 증가하기 시작하였다. 중·장기 측면에서도 석유, 석탄의 수요가 줄어들고, 가스 수요는 증가하리라고 예측되어 가스 가격이 2000년대 중반까지 상승추세였으나 최근 셰일가스의 개발로 그 가격이 급락하였다.

셰일(이판암)에는 석유와 가스가 갇혀 있지만 매우 단단하여 이들이 빠져나오기가 어렵다. 그러나 불과 수년 전에 기술발전으로 이 셰일 암에 아주 조그만 구멍을 만들어 석유와 가스가 나오도록 하게 되었는데, 그 가스 규모가 미국에서는 앞으로 100여 년간 사용할 수 있을 정도라고 예측하고 있다.

셰일가스의 개발은 미국뿐만 아니라 세계 전체의 에너지 구도를 근본적으로 변화시키고 있다. 미국은 셰일가스가 개발되기 이전에 가스의 수요가 꾸준히 증가하자 중동에서 생산되는 천연가스를 액화가스로 변환하여 선박으로 수입하려고 하였다. 이를 위하여 루이지애나 주와 텍사스 주에 수입된 액화가스를 천연가스로 바꾸는 시설을 만들기까지 하였다. 그러나 셰일가스가 국내에서 개발됨으로써 그럴 필요가 없게 되었을 뿐만 아니라 오히려 넘쳐나는 가스를 해외에 수출하기 위하여 액화가스를 천연가스로 변환하는 기존의 시설을 거꾸로 천연가스를 액화가스로 바꾸는 시설로 바꾸고 있다. 우리나라 기업도 미국의 셰일가스 개발 사업에 투자하고 있다. 카타르나 러시아는

2000년대 가스수요가 증가하자 석유수출국기구(OPEC)와 같이 가스 생산국 기구(Organization of Gas Exporting Countries, OGEC)를 만들어 독점권을 행사하려고 하였으나 셰일가스가 미국에서 생산되고 다른 지역에서도 매장되어 있음이 확인되자 그 영향력이 줄어들고 있다. 러시아 · 이란 · 베네수엘라와 같은 국가의 가스 수출 비중이 줄어들 경우 지역적인 긴장이 완화되리라 예상한다. 또한, 그동안 천연가스 부족이 예상되어 이를 확보하기 위하여 국제시장에서 미국과 중국 등이 경쟁해야 하는 상황이 예상되었으나 이러한 필요가 없어지면서 예전보다 가스 시장이 비교적 안정되리라 본다. 셰일가스가 미국에만 있는 것이 아니라 중국 · 러시아 · 아르헨티나 · 독일 등 전 세계에 퍼져 있어 각국에서는 셰일가스 개발을 위한 기술 확보에 혈안이 되어 있다. 에너지 부문에서 이와 같은 커다란 변화가 일어나고 있어 에너지 전문가들은 이를 게임 구도가 변한다고(game change) 말하고 있다.

전문가들이 예상한 바와 같이 환경문제나 원자력 사고로 인하여 가스에 대한 수요는 꾸준히 증가할 것이다. 석유와 석탄에 비하여 이산화탄소 배출이 2분의 1에 불과하여 탄소 배출을 억제하는 차원에서 가스에 대한 선호도가 높아지고 있다. 또한, 중국, 인도 등 개도국의 지속적인 성장이 예상되어 에너지원으로서의 수요뿐만 아니라 일본 후쿠시마 원전사고로 원자력 사용에 대한 불안감이 해소되기는 어려워 대체에너지원으로서 가스에 대한 수요가 증가하고 있다.

나아가 앞으로 배터리에 관한 기술 개발이 이루어지면, 가스 수요가 더욱 증가하게 될 것이다. 그동안 자동차 등 수송 수단을 움직이기 위하여 석유를 내연기관 내에서 연소시켜 왔으며 석유 이외의 다른 에너지원은 활용하지 못하였다. 그러나 천연가스를 이용하여 만든 전기를 배터리로 축적, 운행하는 전기자동차가 가능해지면, 수송목적으로 석유뿐만 아니라 가스를 이용할 수 있게 된다. 이는 에너지원에서 차지하는 비중이 무려 40%에 이르는 석유의 수요를 감소시켜 석유 고갈 가능성으로 인한 불안 요인을 해소하게 되고 탄화수소 배출량이 줄어들어 환경적으로도 개선이 이루어진다. 전기를 이용한 자동차가 상용화되면 에너지원의 급격한 변화가 생길 수 있다. 이에 따라 각국에서는 전기 자동차 개발에 박차를 가하고 있으며 특히 중국은 자동차 수요가 급속히 늘어날 예정이어서 전기 자동차 개발 여부가 에너지 및 환경문제의 관건이 되고 있다. 전기 자동차 수요가 확대될 가능성을 염두에 두면 우리 역시 전기자동차와 고성능 배터리의 개발을 서둘러야 하는 이유이기도 하다.

또 다른 큰 변화는 심해저에서의 석유 개발이 이루어지고 이 결과로 중동지역에의 의존도가 크게 줄어들 가능성을 보이고 있다는 점이다. 2010년 4월 멕시코 만에서 엄청난 석유가 유출된 이후에도 심해저 및 북극에서 석유를 개발하고자 하는 논의가 멈추지 않고 있다. 멕시코 만에서 대형 원유 유출 사고 때 흘러나온 석유의 양만해도 매일 2,000대의 대형 유조차량이 90일간 바다에 부어 넣은 것과 같았다. 이 기름 덩어리가 남한 크기의 해수 면적을 이리저리 떠다니고 있었다고 생각하면 된다. 이후 환경에 부정적인 영향을 미치게 될 심해저 개발에 대한 통제가 강화되었음에도 심해저 및 초심해저 개발을 멈추지 못하고 있다.

그 이유는 무엇보다 초심해저에 석유가 있기 때문이다. 바다에서 석유를 개발하기 시작한 것은 1947년이었다. 1848년 바쿠지역의 육상에서 석유를 발견한 이후 그동안 땅속에 묻혀 있던 석유를 개발해오다가 불과 60년 전에 바다로 진출하였다. 바다에서의 개발은 쉽지 않아 기술발전과 더불어 연해에서부터 시작하여 꾸준히 바다 깊은 곳으로 나아가고 있다. 최근에는 심해저(1,000~5,000미터), 초심해저(5,000미터 이상)로 옮겨가고 있다. 아주 깊은 바다로 나아가는 이유는 연해에서의 석유 채굴 규모가 1997년 이후 매년 7% 줄었고 심해저에서의 개발도 2010년 이후에 줄어들고 있는데 반하여 초심해저에서는 최근 매년 15% 이상 증가하여 2020년에는 석유생산 비중이 45%에 이를 가능성까지 예측되기 때문이다.

나아가 산유국들이 국영기업체를 통하여 자국의 석유자원을 통제하고 있기 때문이다. 1970년 이전에는 국제석유기업(IOC : International Oil Company)이 석유개발 및 판매의 80% 이상 관할하였으나, OPEC이 결성되어 영향력을 행사하고 나서는 오히려 산유국 국영기업(NOC : National Oil Company)이 90% 이상 지배하고 국제석유기업은 석유 개발권한을 8% 정도만 가지게 되었다. 이에 따라 국제석유기업은 기술력을 배경으로 산유국 국영기업이 하지 못하는 심해저 이상의 석유개발을 추진하고 있다. 고도의 기술을 필요로 하는 지역은 심해저, 멕시코 만, 서부 아프리카 해역, 브라질 유역과 북극지역이기 때문에 이 지역에 대한 개발 논의가 끊임없이 진행되는 것이다.

2. 셰일가스를 어떻게 개발할까?

지하의 석유와 가스를 개발하는 전통적인 방식은 수직굴착방식(Vertical Drilling)이었다. 그러나 단단한 암석층에 갇혀 있는 셰일석유 및 가스를 개발하기 위하여 수압파쇄방식(Hydraulic Fracturing)과 수평굴착방식(Horizontal Drilling)이 사용된다. 이 방식은 우선 물, 모래, 화학물질에 높은 압력을 주어 지하 3,000미터를 거쳐 다시 수평으로 2,000~3,000미터를 보낸다. 이후 압력을 주어 암반에 아주 조그만 구멍을 뚫게 되는데 실제로 보면 바늘구멍보다도 작다고 할 만한 구멍이다. 이를 통하여 미세한 모래가 넘나들면서 석유와 가스가 나올 수 있도록 한다. 스며 나온 가스는 발전 및 산업용으로, 석유는 화학제품용으로 사용하며 파쇄 시 사용한 화학물질은 재활용한다.

미국은 셰일가스 개발로 에너지산업 전반에서 경쟁력을 회복하고 있다. 지역별로 가스 가격에 차이가 있는데, 2011년 미국이 단위(mmBtu)당 3.6불, 영국이 8불, 일본이 16불로 가스 부문에서는 미국의 가격 경쟁력이 있음을 알 수 있다.

가스는 화학물질 제조에 필수적이다. 이해하기 쉽게 설명하자면 "밀가루가 빵의 원재료인 것과 같이 천연가스가 화학물질의 원재료이다."라고 보면 된다. 이러한 원재료 가격이 싸니 외국 기업도 미국 내 투자를 확대하고 있다. 가스를 이용하여 플라스틱을 만드는 데 필수적인 중간재인 에틸렌을 만들 수 있는데 에틸렌 가격은 중동 다음으로 미국이 저렴하여 미국은 이 분야에서 중국보다 경쟁력이 있다. 이에 따라 미국은 자동차 부품으로 쓰이는 플라스틱 제품을 지금까지 외국에서 수입해왔으나 앞으로는 자국 내에서 생산하게 될 것이다. 우리의 석유화학제품 수출경쟁력이 떨어질 가능성이 있는 이유이기도 하여 마냥 반길만한 것은 아니다.

현재 기술적으로 추출이 가능한 셰일가스 매장 규모를 보면 미국이 482조 입방피트(trillion cubic feet, tcf), 중국 127.5tcf, 아르헨티나 77.4tcf, 멕시코 68.1tcf, 남아공화국 48.5tcf로 추산하고 있다. 중국 내 신장 등 서부지역에 셰일가스가 상당히 매장되어 있으나 개발에 어려움이 있는 이유는 가스를 뽑아내는 데 사용될 엄청난 물이 부족하기 때문이다. 따라서 앞으로 고도의 기술 개발이 이루어지기까지 가스 부문에서는 미국의 우위가 어느 정도 지속될 것이다.

3. 새로운 기술, 수압파쇄방식과 수평굴착방식

에너지의 구도변화를 가져오고 있는 수압파쇄방식은 어떻

게 이루어지나? 우선 셰일 암의 가스와 유정을 탐사한 이후 파이프를 수직으로 깊숙이 밀어 넣은 다음 방향을 틀어 수평으로 깊숙이 밀어 넣으며(1단계, horizontal drilling), 이후 파이프 안에 화약을 담은 구멍이 난 총(perforating gun)을 밀어 넣어(2단계), 총을 쏘게 되면 파이프를 관통하여 나가면서 가스가 갇혀 있는 셰일 암에 틈을 만든다(3단계, hydraulic fracturing). 이 틈으로 물, 가는 모래, 화학물질을 넣게 되면 셰일 암에 틈이 더 벌어지게 되고(4단계), 이 틈으로 계속 압력을 넣게 되면 물과 화학물질이 회수되고 아울러 천연가스가 빠져 나오게 된다(5단계).

이 과정에서 환경론자들이 제기하는 문제는 파이프가 물이 저장되어 있는 곳을 지나기 때문에 화학물질이 흘러나와 물을 오염시키지 않나 하는 점이다. 저수층을 통과하는 파이프에 문제가 생겨 주입하는 화학물질이 잘못 흘러나오면 커다란 환경 재앙을 가져올 위험이 항상 있기 때문에 오바마 정부로서도 비전통적 가스 개발 사업에 대하여 그동안 소극적이었다.

그러나 셰일가스 개발을 멈추기 어려운 이유는 2005년 이후 미국에서 60만 명의 일자리를 창출하였고, 그 수가 2015년에는 87만 명으로 증가할 것으로 전망되기 때문이다. 정보혁명을 가져오고 있는 아이폰과 아이패드의 경우 중국 등 개도국에서 관련 분야의 일자리를 창출하고 있는데 반하여 셰일가스 개발은 미국 내 일자리를 창출하기 때문에 정치적인 의미도 가지고 있다.

나아가 셰일가스 개발에 부정적이기 어려운 이유가 있다. 미국의 2010년 전기 생산에서 에너지원 비중을 보게 되면 석탄(45%), 천연가스(23%), 원자력(20%), 재생에너지(10%), 석유(1%) 순인데, 이산화탄소 탄소 배출 비중은 석탄이 81%, 천연가스가 17%, 석유 2%이다. 물론 석유의 경우 수송에 대부분 사용되기 때문에 이 부분을 포함할 경우 석탄, 석유가 상당량의 이산화탄소를 배출한다. 천연가스의 경우 사용하는 비중에 비하여 이산화탄소 배출이 훨씬 적기 때문에 신재생에너지의 상용화가 가능하게 되기까지는 천연가스 사용이 환경에도 유리한 상황이다. 이러한 상황이기 때문에 오바마 행정부는 화석에너지 개발에 소극적이면서도 셰일가스 생산에는 긍정적이어서 미국에서의 셰일가스 생산은 매년 증가할 것으로 예상된다.

4. 셰일가스가 가져오는 변화

셰일층에 묶여있는 천연가스 개발이 가속화되면서 향후 에너지 배분(energy mix)에서 천연가스의 비중이 점차 증가할 것으로 보인다. 중국·인도·중동에서는 경제성장을 위한 에너지를 더욱 필요로 하는데 이러한 수요에 천연가스가 어느 정도 부응하게 될 것이다. 천연가스는 이산화탄소 배출량이 다른 화석에너지에 비하여 적어 에너지 비중을 다양화하는 데 적절하며, 이에 따라 에너지 안보에도 도움이 된다.

셰일 천연가스층은 전 세계에 널리 분포되어 있으며, 미국은 내수용으로만 사용한다고 할 때 100여 년 이상 사용할 수 있을 정도의 매장량을 가지고 있다. 다만 채굴과정에서 물을 오염시킬 수 있다는 환경론자의 반대가 심하여 이 문제를 해결하는 것이 관건이다. 환경오염에 대한 여러 비판에도 불구하고 중국 등 대부분 국가는 에너지원으로서 가스의 비중을 늘리는 방안으로 정책을 펴 나가고 있다.

가스는 발전, 최종 소비자 사용 그리고 기술이 개발될 경우 수송 목적 등 다용도로 사용할 수 있으며 다른 에너지원에 비하여 환경친화적인 장점도 있다. 가스 자원도 풍부하고, 여러 지역에 광범위하게 매장되어 있으며, 석유와 같이 가스의 국제적인 거래도 더욱 활성화 될 것이다. 물 오염 가능성 등 환경 유해 요인뿐만 아니라 전통가스와 비교할 때 비전통 가스를 개발하는데 있어 높은 비용이 드는 등 어려운 요인도 있다. 하지만 앞으로 수요가 늘어나면서 현재 21%에서 2035년에는 세계 에너지 수요의 25%를 차지하게 될 것으로 전망된다. 중국의 가스 수요가 2011년 현재 독일이 사용하는 정도에 불과하나, 2035년에는 모든 유럽연합 국가가 사용하는 수요만큼 증가할 것으로 전망된다. 중동의 수요는 2배 정도 증가하고, 인도 역시 지금보다 4배 증가할 것이다.

가스 생산 구도를 보면 중동 · 러시아 · 카스피 해 · 북미 · 중국 · 아프리카 등이 전통적인 가스의 주요 생산 국가로서 당분간 이들 국가가 전 세계의 가스 생산을 담당하겠지만, 앞으로 비전통 가스인 셰일가스 생산이 늘어나 전체 가스 생산의 40% 정도 수준까지 오를 것으로 전망하는 견해도 있다. 비전통 가스는 북미주 · 중국 · 호주 등에 많이 매장되어 있어 주로 이 지역에서 생산될 것으로 보고 있다. 북미주는 자체적인 생산, 소비 구조로 될 것이고 중국 역시 생산도 하겠지만 수요의 증가로 많은 규모를 수입할 것이다. 반면 러시아와 카스피 해 지역은 주로 동아시아 국가에 수출할 것이다. 이에 따라 동아시아 국가에서의 가스관 건설 및 액화가스 설비 투자가 다른 에너지원에 비하여 많이 이루어질 것으로 예상되기 때문에 우리 업체들은 이에 관심을 가질 필요가 있다.

천연가스가 석탄, 석유 사용을 줄이는데 일조하겠지만 신재생에너지와 원자력 개발에 어떠한 영향을 미치는지 또한 이산화탄소 배출에 어떠한 영향을 미칠지에 대하여도 검토하여야 한다. 각국이 이산화탄소 배출을 줄이려고 노력하고 있으나 여전히 화석에너지를 많이 쓰고 있다. 기후전문가들은 지금의 추세로 화석에너지를 사용한다면 2035년에는 이산화탄소 농도가 650피피엠(ppm)까지 올라가 지구 온도가 3.5도 정도까지 상승하여 지구 전체의 재앙을 불러올 가능성이 높다고 본다. 지구의 온도 상승을 막기 위하여 저탄소 에너지원 사용, 에너지 효율성 증대, 이산화탄소 채집 등 신기술을 개발해야 한다. 특히 이산화탄소 배출이 거의 없는 신재생에너지의 상용화를 위한 지원이 계속되어야 하겠지만, 비교적 저렴하면서 어느 정도의 이산화탄소를 배출하는 셰일가스가 개발되는 상황에서 신재생에너지 개발이 가능할 지에 대한 우려도 있다.

9장

원자력을 어떻게 보아야 하나

원자력하면 해골을 떠올리는 사람들이 많다. 사람 몸을 투시하는 X-선 때문이기도 하지만 히로시마 원자폭탄, 후쿠시마 원전 사고ㅁ에 대한 기억 때문에 방사선이 누출될 경우 상상할 수 없는 피해를 연상하기 때문이다. 대부분의 사람들이 원자력에 대한 공포감을 가지고 있지만, 전문가들은 원자력에너지가 상당히 안전하고 인류 문명 발전에 크게 이바지하고 있다는 주장을 하고 있다. 과학자들이 안전하게 보는 시각과 일반인들이 두려워하는 시각의 차이를 좁히기 위하여 원자력에 대한 일반적인 상식이 필요하다.

1. 원자력 발전, 노벨상 수상자들 이름이 줄줄이

원자력 발견 과정을 보면 우리가 들어온 노벨 물리학상과 화학상 수상자들의 이름이 고구마 뿌리 캐내듯이 줄줄이 나온다. 가장 먼저 문을 연 사람은 뢴트겐이다. 그는 1895년 음극선 연구를 위해 용기를 검은 종이로 감쌌으나 이상한 빛이 나오는 것을 보고 검은 종이를 뚫고 나오는 전자(電子)가 아닌 다른 선의 존재를 발견하였고 이를 X-선이라고 불렀다.

이 X-선을 규명하기 위하여 프랑스 국적의 베크렐은 푸른빛을 내는 우라늄 소금을 가지고 계속 실험하였다. 그는 검은 종이에 우라늄 소금을 감싼 후 십자가를 두었고 그 뒤로 사진 건판을 두었다. 그랬더니 햇빛이 있는 날에 사진 건판에 십자가 모습이 그대로 나타났다. 그는 평소 믿어온 대로 모든 빛이 태양에서 오며, 태양의 어떤 빛이 잡힌 것으로 생각하였다. 그러나 그는 며칠간 날씨가 흐렸던 상황에서 십자가를 예전과 같이 그대로 두고 나갔다가 돌아와 보니 태양이 없음에도 십자가 모습이 선명하였다. 이리하여 그는 태양이 아닌 우라늄에서 빛이 나온다는 것을 발견하게 되었다. 프랑스가 지금까지도 원자력 발전기술의 세계 최강국 중의 하나인 데 처음 방사선을 인지한 베크렐이 프랑스 사람이기 때문이라는 이야기도 있다.

베크렐의 발견이 계기가 되어 우라늄의 속성에 대한 연구가 진행되었는데 가장 적극적인 사람이 베크렐 연구소의 젊은 조수였던 퀴리 부인이었다. 퀴리 부인은 어려운 환경에서 필사적으로 연구하여 방사선을 내뿜는 라듐과 폴로늄을 발견하였다. 그녀는 몸의 일부분이 썩어가는 괴저병에 방사선이 신기하게도 치료하는 효과가 있음을 발견하였다. 이것이 이후 방사선을 치료약으로 사용하는데 효시가 되었다. 로마시대 이후 온천욕을 하게 되면 건강이 좋아져 사람들은 유황성분의 효과로 알고 있었지만, 암석의 방사선 때문이라는 것을 새롭게 발견하였다. 이러한 이유로 의사들은 너도나도 방사선 치료를 하였으며 류마티스 치료나 심지어 화장품에도 활용하였다. 그러나 알게 모르게 방사선에 쏘인 사람들이 죽어가는 모습을 보고, 사람들은 방사선이 반드시 좋은 것만은 아닌 것을 알게 되었다.

한편 아인슈타인은 $E(에너지)=mc^2(질량 \times 빛속도^2)$라는 이론을 발표하면서 질량과 에너지가 같은 것인데 다르게 나타난 형태라는 가설을 제기하였다. 그는 이 이론을 근거로 원자 내에서 질량이 변하면서 운동 에너지로 변환되며, 방사선 또한 일부 에너지의 한 형태라고 보았다.

지금은 원자의 구성이 큰 핵 주위로 전자가 회전하는 형태라는 것으로 익숙하게 알려져 있지만, 처음에는 아무도 원자에 대하여 몰랐다. 당시 원자에 대한 연구에 전력을 기울인 사람은 러더포드로 핵물리학의 아버지라고 불린다. 그는 알파 방사선을 금박지에 수없이 투과시켰는데 8,000개 선 가운데 1개가 되돌아왔다. 이를 보고 "15인치 포탄을 화장지를 쏘았는데 그 중의 하나가 반사되어 되돌아오는 것으로 비교된다."라고 할 정도로 깜짝 놀랐다. 그는 이 실험을 통하여 원자의 모델로 중심에 양성자가 아주 좁은 공간에 매우 밀집되어 있고 그 주위로 질량이 매우 작은 전자가 아주 넓은 공간을 차지하고 있음을 알게 되었다. 그는 또한 질소(7번 원소)에 알파 방사선을 집중적으로 쏘았는데 아주 미세한 분량이기는 하지만 산소(8번 원소)로 변하는 것을 발견하였다. 이로써 한 원소가 다른 원소로 변환하는 연금술이 개발되기 시작하였다. 이러한 발견을 근거로 그는 양성자로 구성된 핵 주변으로 전자가 회전하는데 핵내에 양성자와 함께 비슷한 무게의 중성자가 있으리라고 추정하였다. 이후 이 중성자를 발견한 사람이 채드윅이었다.

그런데 뉴턴의 물리학 이론에 의하면 원자의 존재는 있을 수 없다. 행성이 태양 주위를 도는 것과 같이 전자가 핵을 돌게 되면 양성자에 빨려 들어가 원자구조를 이룰 수 없기 때문이다. 이러한 괴리를 해결한 사람이 닐 보어이다. 그는 새로운 이론을 제시하였으며 이것이 20세기 물리학인 양자 물리학을 만든 토대가 되었다. 그는 핵을 돌고 있는 전자가 위성과 같이 도는 것이 아니라 구름 형태로 여러 단계의 셀(Shell)에 확률적으로 존재하는 것임을 알게 되었다. 그리고 원자에서 빛이 나오는 경우는 전자가 높은 에너지 단계에서 낮은 에너지 단계로 툭 떨어지는 것이며 이 과정에서 방사선의 형태로 에너지가 발생하는 것으로 보았다. 그러나 원자를 더욱 세분화하는 것은 거의 불가능한 것으로 보았다. 핵물리학의 아버지인 러더포드뿐만 아니라 아인슈타인도 원자를 분리하는 것은 "새가 거의 없는 곳에서 밤에 새를 맞추는 것과 같다."라고 비유하기도 하였다. 특히 양성자를 2개 가진 알파 방사선으로 쓰더라도 양성이 핵은 이를 물리치고, 전자가 핵에 가더라도 너무 미세하여 전혀 핵을 깨지 못하였다.

여기서 엔리코 페르미가 새로운 방식으로 접근하여 원자를 분해하였다. 그는 중성자를 수소와 탄소로 만들어진 파라핀으로 막았더니 중성자가 천천히 움직이면서 원자핵으로 가서 핵을 좌우로 분리하였다. 지금도 원자로에는 물, 탄소 등이 중성자의 속도를 떨어뜨려 핵분열을 가능하도록 하는 감속재로 사용되고 있다. 그동안 핵을 알파선과 같은 양성자를 쏘아 나오는 것보다 중성자로 핵반응을 일으키는 것, 즉 핵분열(nuclear fission)이 커다란 성과를 거두는 것으로 파악하게 되었다.

우라늄 핵이 중성자를 받아들이게 되면 분해되면서 상당한 에너지를 방출하고, 또한 다시 중성자가 방출되며 이 중성자가 다른 원자를 나누면서 연쇄적인 반응이 일어난다. 문제는 우라늄 원자를 둘로 나눌 수 있도록 충분한 중성자(분열 반응당 2~3개)가 방출되어야 연쇄반응이 가능하다.

핵분열을 하는 물질은 우라늄-235인데 채굴하는 우라늄광에는 우라늄-235가 0.7% 정도만 함유되어 있고 대부분은 우라늄-238이다. 이에 따라 우라늄-238을 농축하게 되는데 그 결과 우라늄-235를 4% 정도 추출하게 되면 핵연료로 사용할 수 있게 되고, 90% 이상이 되면 핵폭탄으로 사용하게 된다. 또한, 다른 방식으로 플루토늄-239을 추출할 수 있는데 이는 우라늄-235보다 핵분열이 더 잘되어 핵폭탄을 만드는데 사용할 수 있다.

원자력에너지의 발전에는 인류의 지성이 농축되어 있지만 평화적인 이용의 측면과 핵폭발의 부정적인 양면성이 내포되어 있다.

2. 원자력, 폐기하기 어려운 실정이다

1979년 3마일 섬 사고(미국 펜실바니아)와 1986년 체르노빌 사고(우크라이나)가 사람의 실수로 일어난 것이라면, 2011년 후쿠시마 원전사고는 지진과 쓰나미에 의한 자연적인 재해에서 비롯되어 구분될 수 있다. 미국이나 우크라이나에서 일어난 원전사고는 안전 관리가 미비하여 일어났기 때문에 그동안 원자력을 관리만 잘 한다면 통제할 수 있는 것으로 보았다. 그러나 후쿠시마 사고 이후 원자로에 대한 안전 조치를 아무리 취하더라도 자연재해에 의한 사고를 막기 어렵다는 인식이 확산되면서 환경단체는 원자로 자체를 폐쇄해야 한다고 주장한다.

이러한 맥락에서 후쿠시마 원전 사고 이후 독일 등 선진국에서 원자로를 폐쇄하겠다는 정책을 발표하였다. 이러한 발표를 보게 되면 많은 국가가 원자력 사용을 줄여나갈 것으로 섣불리 예단할 수 있다. 독일은 2022년까지 17기의 모든 핵원자로를 폐쇄하기로 하였고, 일본도 54기의 기존 원자로 가동을 중지하고 신규 원자로 건설을 유보하였으며, 이탈리아는 핵원자로 재가동을 중지하겠다고 발표하였다. 전력생산 에너지의 80% 정도를 원자력으로 생산하였던 프랑스도 사회당 정부 출범 이후 원자력 의존도를 50% 수준으로 낮추겠다고 하였으나 이를 번복한 것은 원자력을 대체할 만한 에너지원을 개발하기가 쉽지 않은 고민을 나타내고 있다.

일본은 전력의 30%를 원자력으로 생산하여 왔는데 원자력을 포기할 경우 에너지 절약을 대대적으로 시행하거나 대체에너지를 개발해야 한다. 일본은 원자력을 대체할 재생에너지 비중이 미미한 수준이지만 그나마 지열이 세계 3대, 수력이 세계 6대 잠재력을 보이고 있어 다행이다. 반면 대부분의 개발도상국은 자원이 부족하여 원자력을 포기하기가 어렵다.

후쿠시마 사고 이후에도 원자로 건설 동향을 보면 전 세계적으로 원자력의 비중이 줄어들기는 쉽지 않을 것 같다. 특히 아시아에서 원자력이 중요한 에너지원으로 활용될 전망이다. 2012년 미국 원자력 위원회 보고서에 따르면 건설 중이거나 건설 계획 중인 원자로가 총 212기인데 그 가운데 아시아에서만 130기로 60%가 집중되어 있다. 이는 중국, 인도 등 개발도상국의 경우 에너지 수요증가에 부응할 수 있는 대체에너지가 충분하지 않기 때문이다.

중국은 후쿠시마 사태 이후 점검을 위하여 신규 원자로 건설을 일시적으로 중지하기는 하였다. 하지만 건설을 재개한 이후 원자로 숫자를 4배 정도 증설할 예정이다. 중국은 에너지 자원이 많이 매장되어 있지만 공급이 수요에 비하여 턱없이 부족하다. 석탄의 매장량은 세계 3위, 석유 · 천연가스의 매장량은 14위이며, 전체적으로 보면 세계 에너지의 20.3%를 차지하고 있다. 2010년 기준으로 에너지원 비중은 석탄 70%, 석유 및 가스 21.6%, 신재생 8.3%로 석탄의 비중이 압도적으로 많다. 화석 에너지원이 많이 매장되어 있음에도 불구하고 석유의 55.8%를 수입할 정도로 증가하는 에너지 수요에 부응하기에는 턱없이 부족하다. 그렇기 때문에 원자력 에너지를 포기하기는 매우 어렵다고 보아야 한다.

산유국이라고 예외는 아니다. 석유와 가스 생산이 세계 1위인 러시아, 석탄이 풍부하고 북해에서 석유를 생산하는 영국도 원자로 건설을 통하여 다양한 에너지원을 확보하려는 움직임이 그치지 않고 있다. 우리 역시 현재 23기의 원자로를 가동하고 있으며 5기를 추가적으로 건설 중에 있다. 또한, 원자력 비중을 현재 32% 수준에서 향후 2030년에는 58% 수준까지 올릴 계획까지 수립한 바 있지만 원자력에 대한 국내의 강한 반대로 쉽지 않아 보인다.

많은 국가가 원자력을 포기하지 못하는 이유는 에너지 밀도 때문이다. 각 에너지원별 단위 생산 전력을 비교해 보면 바이오 퓨얼과 옥수수 에탄올은 평방미터당 0.05와트를 생산하는 반면, 풍력은 1와트, 천연가스는 28와트, 원자력은 2,000와트에 이른다. 우리도 원자력을 쉽게 포기하기 어려운 이유는 여러 에너지원 가운데 유일하게 기술 경쟁력을 가지고 있기 때문이다. 우리의 원자로 건설, 안전관리, 유지보수능력은 어느 국가에도 뒤지지 않을 정도로 경쟁력이 있다. 다른 에너지원에서 우리의 기술 수준은 뒤떨어있을 뿐만 아니라 그 격차도 크다.

원자력 사고에 대한 전문가의 시각도 일반인들과는 다른 점이 있다. 일반인들은 최근 수시로 일어나는 원자력 사고 보도를 접하고 불안해한다. 하지만 전문가들은 최근 원자로와 관련된 사안이 국제원자력 기구(IAEA)의 분류기준에 따라 최저 등급의 고장(Incident, 0~3 등급)이라고 구분하고 있으므로 사고(Accident)라고 하기에는 과도한 측면이 있다는 것이다. 자동차로 비유할 경우 소진된 부품의 교체 정도로 보면 된다는 것이 원자력 전문가의 시각이다. 물론 경각심 차원에서 모두 관심을 가져야 하지만 과도한 기준으로 우리의 경쟁력 부문을 사장시킬 수 있지 않나 하는 전문가의 우려도 있다. 그럼에도 불구하고 원자로 노후화로 가동 중지, 사고의 보고체계, 부품에 대한 신뢰성 등의 여러 불안요인이 있는 만큼, 인원 및 안전성 관리 측면에서 더욱 철저한 조치를 해 나가야 할 것이다.

각국이 원자로 발전을 포기하기 어려운 상황이라면 원자력에 대한 최소한의 상식을 가지고 원자력을 바라보는 시각이 필요하다. 원자력 에너지가 어떻게 만들어지고, 원자로에서 어떠한 반응이 일어나며, 후쿠시마 사고의 문제가 무엇이었는지 그리고 이란의 핵개발 의혹이 무엇인지를 아는 것이 필요하다.

원자력은 우라늄 등 핵분열물질의 질량이 에너지로 변환하는 과정으로 보면 된다. 원자력의 엄청난 에너지원 가능성을 제기한 것은 아인슈타인이다. 우리에게 친숙한 공식인 $E=mc^2$이 의미하는 바는 소규모의 질량이 핵분열 반응으로 줄어들면서 운동 에너지를 생성하게 되며 이것에 빛의 속도가 가미되어 엄청난 에너지로 변한다는 것이다. 변화하는 방식은 중성자가 원자를 때리게 되면 원자가 둘로 나뉘는데, 그 원자들의 운동에너지가 열에너지로 변환하게 된다. 이때 생성된 원자의 질량이 줄어들게 되고 동시에 생성되는 중성자가 다른 원자를 때리거나 소멸되거나 또는 흡수되어 사라지게 된다. 중성자가 소멸되지 않거나 흡수되지 않으면 핵분열에 사용되는데 2개 이상의 중성자가 생성되어 연쇄반응을 일으키면서 원자폭탄의 효과가 발생한다. 만약 흡수가 잘 되어 생성되는 중성자와 손실되는 중성자 수가 같을 경우 임계치(critical)에 있다고 하며 이렇게 핵반응이 적절히 조절되는 상태가 원자로의 모습이다.

원자력에너지를 생산하기 위한 우라늄 형성 및 활용 과정을 보면 우라늄 채취(mining) → 조제련(milling : 우라늄의 제련 공정에서 광석을 옐로케이크라 부르는 중간제품을 만드는 제련과정) → 변환(conversion) → 농축(enrichment) → 연료제조(fuel fabrication) → 핵분열(nuclear fission) → 사용 후 연료(spent fuel) → 현장 저수(on-site storage) → 재처리(reprocessing) → 영구처분(disposal)의 과정을 거친다. 각 공정이 우리에게는 익숙하지 않아 이해하기가 쉽지 않지만 전체적인 공정을 참고로 할 필요가 있다.

제조 과정을 거친 농축 연료를 원자로 내에서 사용한다. 연료봉의 핵반응으로 물이 끓어오르면 제어봉으로 핵반응을 통제하여 반응 장소(노심)의 온도상승을 조절해 나가면서 에너지를 생산한다. 에너지로 인하여 물이 뜨거워지면서 수증기를 만들어 발전기를 회전시킴으로서 전력을 생산한다. 전력 생산과정에서 더워진 것에 차가운 해수를 주입하여 열을 내리고 사용된 수증기는 다시 물로 변환된다. 변환된 물은 다시 노심으로 유입되어 수증기를 생산하는 과정이 되풀이된다.

그러면 후쿠시마 원전사고의 문제는 무엇인가? 가장 근본적인 문제는 지진 발생 지역에 원자로가 설치되었다는 점이다. 그 결과로 전력공급이 끊어져 과열(overheating)되었을 때 이를 억제하는 장비가 작동되지 않아 중심 반응 장소(노심)의 온도를 끌어내리지 못하였다. 또한, 폭발(explosion)이 일어나 노심을 지탱하는 부문과 원자로 건물 지붕이 날아가 방사능에 노출되었으며, 일부 노심은 녹으면서(partial meltdown) 연료봉이 노출되어 금이 가고 녹아내렸다. 나아가 완전히 녹아내린(total meltdown) 연료가 봉쇄한 장비를 붕괴시키고 사용 후 연료가 방사능을 방출하였다. 일본은 지진지대에 위치하여 아무리 견고한 설계를 한다고 하여도 이러한 위험에서 벗어나기 어려운 점이 있다.

기존 원자로의 사고 위험과 아울러 북한과 이란 등 일부 국가의 핵 프로그램 개발이 국제사회의 문제가 되고 있다. 부족한 에너지를 생산하기 위한 방편으로 원자력 기술을 개발하는 것이 필요하다는 주장과 일부 개발도상국의 원자력 개발이 핵확산이나 핵 프로그램 개발로 이어져 이를 억제해야 한다는 주장이 대립되고 있다. 이란의 핵개발이 대표적인 예인데 핵무기 형성과정을 살펴보면 국제적인 우려에 대하여 어느 정도 이해할 수 있다.

원자력과 핵무기는 자매 지간으로 우라늄 순도에 차이만 있을 뿐이다. 우선 우라늄광을 채취한 후(mining), 잘게 부수어 산(酸)에 담가 우라늄을 속아내어 말리면 이것이 우라늄 염(yellowcake) 분말이 된다. 우라늄 순도를 높이기 위하여 원심분리기에 넣어 돌린 후(enrichment), 우라늄 순도가 4% 정도가 되면 원자력 발전소를 돌리는데 충분하다. 그런데 이란은 평화적인 이용을 한다고 하면서 그 순도를 20% 정도로 끌어올렸다고 한다. 핵무기를 만드는데 우라늄 순도가 90%에 도달해야 하나, 20%에서 90%로 상승시키는 것은 비교적 쉽기 때문에 국제사회에서 우려하는 것이다.

원자력 사고와 핵확산 조짐에 대응하여 원자로를 폐쇄하려는 움직임과 함께 차세대 원자로인 고속로에 활용할 수 있는 기술을 개발하고 있다. 파이로 프로세싱(pyro-processing)이라는 불리는 기술로서 사용 후 핵연료를 재활용하여 다시 원자력 발전의 핵연료로 이용하는 한 방편이다. 이 기술을 이용하게 되면 우라늄 활용도를 올리고 경제성은 확보하되 핵무기가 확산되는 것을 막는데 사용할 수 있다.

또한, 소규모 원자로(SMR : Small Modular Reactor)의 개발도 추진하고 있다. 통상 원자로는 1,000메가와트 이상의 전력을 생산하는데 최근에는 300메가와트이하의 소형 원자로를 수요처에 가까운 곳에 만들어 에너지 사고 위험을 줄이고자 노력하고 있다. 300메가와트는 대체로 30만 가구가 1개월 사용하는 전력이며, 빌 게이츠 역시 원자력이 차세대 에너지를 선도할 것으로 진망하여 소규모 원자로 개발에 큰 돈을 투자하고 있다.

3. 원자력의 안전성을 확보하는 것이 중요하다

우리는 에너지원의 96.5%를 수입하고 있고 에너지를 통한 혜택을 가장 많이 누리고 있음에도 역설적으로 신재생에너지를 제외하고 모든 에너지원에 대해 매우 비판적인 시각을 가지고 있다. 석유·석탄·가스 등 화석연료는 이산화탄소 배출을 이유로, 원자력은 대규모 사고에 따른 엄청난 인명 피해를 이유로 반대하는 의견이 적지 않다. 그러나 환경문제를 진정으로 심각하게 고려하여 화석에너지를 원하지 않는다면 이에 따른 부담도 흔쾌히 짊어져야 한다.

독일은 모든 원자로를 점진적으로 폐기하고 일본은 원자로 가동을 임시적으로 즉각 중지하면서 이에 따른 재정적인 부담을 국민이 공유하고 있다. 독일이 폐기할 수 있는 또 다른 배경에는 프랑스, 노르웨이 등의 국가로부터 전력 수입이 가능하기 때문이다. 프랑스는 전력생산의 주 에너지원이 원자력이고 주변 국가에 수출할 여유가 있다. 독일이 원자력을 이용하여 전력을 생산하지 않는다고 하여 전 세계적으로 원자력 이용이 줄어드는 것이 아니라 크게 보면 원자력을 이용한 전력생산 장소만 독일에서 프랑스로 변경하는 것이다.

독일은 킬로와트당 전기료가 우리나라보다 4배 높다. 15%의 전기를 원자로에서 생산하였는데 이를 전부 없애는 2022년에는 전기 값이 지금보다 60%로 증가할 가능성이 있다고 한다. 일본은 30%의 전기를 생산해 왔던 54기의 원자로 운용을 완전히 중단하면, 앞으로 상당한 정도의 에너지 절약을 하지 않고는 지탱하기 어려운 상황이다. 원자력을 이용하지 않으면 단순히 소비절약을 넘어서 산업 전체에 미치는 영향을 고려해야 하기 때문에 대단히 어려운 결단이 아닐 수 없다. 일본의 전기 절약 노력은 마른 수건을 다시 짠다고 할 정도로 평가된다.

독일과 일본이 원자력을 포기하는 데에는 국민의 적극적인 합의가 있기에 가능하다. 독일은 1986년 우크라이나 체르노빌 사건이 기억에 여진으로 남아 있는데 더하여 2011년 후쿠시마 원전사고를 계기로 국민의 원자력에 대한 거부감이 작용하여 원자력 이용을 폐기하게 되었다. 일본은 원폭에 대한 두려움과 함께 지진대에 속한 일본 열도에서 후쿠시마 원전사고가 언제 든 일어날 수 있다는 우려로 원자력 활용 폐기를 심각하게 고 려하고 있다.

우리의 경우 2011년 정전사태가 일어났음에도 전기 절약에 대한 인식이 크게 나아지지 않고 있다. 오히려 전기는 수요자 가 개인 목적으로 사용하고 있어 당연히 요금임에도 불구하고 세금이라는 인식을 가지고 있어 발전단가의 현실화나 수요의 증대로 전기료를 인상한다고 하면 매우 비판적이 된다. 이러한 부정적인 시각의 바탕에는 에너지에 대한 충분한 지식을 가지고 있지 못한 것에 어느 정도 이유가 있는 만큼 에너지 문제를 계속 알려나가면서 전기료를 현실화할 필요가 있다.

우리가 다른 에너지원으로 전기를 많이 만들어내면 좋겠지 만 그렇지 못한 상황이다. 발전수요를 보면 1953년에 127메가와 트(MW)에서, 1971년에는 2,628MW, 2008년은 72,291MW 로 급격히 증가하고 있다. 그런데 발전단가를 보면(kWh당 원 기준, 2009년) 태양력 647원, 풍력 107.3원, 석유 145.6원,

천연가스(LNG) 153.1원, 수력 109.4원, 석탄 60.3원, 원자력 35.6원으로 원자력이 경쟁적이다. 환경친화적인 측면에서도 원자력은 이산화탄소 배출이 거의 없다.

그러나 원자력은 사고가 발생하면 상상 이상의 피해를 가져올 가능성이 있기 때문에 발전 단가 등 비용, 이산화탄소 배출량 등의 기준에서 우위에 있다는 설명은 그다지 설득력을 주지 못하고 있다. 원자력 사고는 해당 국가에만 영향을 미치는 것이 아니다. 그럼에도 개발도상국은 에너지원 확보가 무엇보다 중요하여 원전 건설을 포기하지 않을 것이며, 원자력 기술을 가진 국가는 개발도상국에의 원자로 수출을 자제하지 않을 것이다. 이런 점을 고려할 때 기술을 가진 수출국이 안전 확보를 위하여 높은 수준의 기술을 개발하는 것이 중요하며, 원자로에 대한 철저한 안전조치를 하는 것이 어느 때보다 요구된다.

원자력의 활용 여부에서 가장 중요한 것은 정부의 정책이다. 오바마 정부는 원자력을 주요 에너지원으로 검토하고 있지 않아 원자력에 대한 투자가 답보 상태이었다. 따라서 현재 가동 중인 104기의 원자로가 30년 이상 경과하여 노후화 되었고, 앞으로도 건설가능성이 많지 않아 원자로 설계 기술을 제외하고는 기술력이 후퇴하고 있다. 프랑스와 한국이 기술 개발과 운용 면에서 미국과 근접하여 가고 있어 미국의 원자력 전문가들은 자국의 원자력 기술의 퇴보에 대한 우려와 함께 다른 국가의 부상에 대한 경계심이 높아지고 있다. 미국 원자력 위원회는 원자력이 전력 생산의 중요한 역할을 하고 있으며 환경친화적이며 신뢰할만한 공급원임을 강조하고 있지만 오바마 정부가 받아들일 가능성이 많지 않다.

우리 역시 정부의 정책이 중요하다. 원자력의 폐기가 어렵고 에너지원으로 활용한다고 한다는 정책을 견지할 경우 우리가 더욱 강화해야 할 부문은 안전문제이다. 2012년 현재 23기를 가동하고 있어 원자력이 전력생산의 34.8%에 이르고 있다. 이에 더하여 현재 5기를 건설 중이고, 또한 10기 건설을 계획 중이어서 원자로 숫자가 늘어나고 발전비율이 높아질수록 사고위험이 증가하고 있는 것은 사실이다. 이에 따라 환경단체가 원자로 건설에 반대하고 있는 점은 이해할 수 있다. 이러한 우려를 고려하여 전문가들은 일반 시민들이 안전성에 대하여 믿음을 가지도록 하는 제도적 장치를 갖추어야 한다. 아울러 우리 기술 인력이 원자력 부문에서는 국제적인 경쟁력이 있어 안전성 부문을 선도할 수 있다는 점을 국민에게 설득력 있게 알려야 할 것이다.

우리가 또한 관심을 가져야 할 사안은 중국의 원자로 운용 및 건설 동향이다. 중국은 원자력 비중을 높인다는 국가 정책 목표 하에 16기의 원자로를 가동 중이고 26기를 건설 중인데 더하여 자국 동해 연안지역에 수십 기의 원자로 건설을 계획하고 있어 사고시 편서풍으로 영향을 받을 수 있는 우리나라는 IAEA 사고등급 2등급 이상에 대하여 의무적으로 정보를 공유한다는 협정을 사전에 맺는 등 주변 국가와 공조하여 원전의 안전문제를 지속적으로 주시해 나가야 할 것이다.

10장 신재생에너지에 대한 기대와 한계

1. 에너지원으로서 신재생에너지

인천 송도 시가 우리나라 사상 가장 큰 국제기구인 녹색기후기금(Green Climate Fund, GCF) 사무국을 유치하였다. 이를 계기로 우리나라는 전 세계적인 관심사인 기후환경문제에 주도적인 역할을 할 것으로 기대한다. 우리가 녹색환경 분야에서 일정한 역할을 하려면 우리 스스로 이산화탄소 배출을 줄이고, 친환경 기술을 개발하며, 이 기술을 개발도상국과 기꺼이 공유하여야 한다.

그러나 우리의 에너지원 가운데 신재생에너지 비중은 2008년 현재 2.5%에 불과하며, 이산화탄소를 배출하는 화석에너지 사용 규모는 어느 국가보다 결코 뒤지지 않고 있다. 신재생에너지에 대하여 충분히 인식하고 있지 못한 채 막연히 녹색정책을 채택하고 녹색기후기금을 유치할 경우 환경을 개선하고 일자리를 가져올 것으로 생각하기 쉽다. 그러나 녹색환경을 조성하기 위해서 정부는 세금 등을 통하여 거두어들인 많은 예산을 친환경 기술개발에 지원하여야 하고, 개인은 에너지를 효율적으로 쓰고 또한 절약하여야 하며, 기업은 생산비용을 크게 인상하더라도 경쟁력을 유지하기 위하여 구조조정을 해야 하는 등 막대한 노력이 필요하다.

이러한 노력을 하더라도 신재생에너지가 주요한 에너지원이 되기에는 아직도 요원하다. 우리나라에서는 2030년에 신재생에너지의 비중을 11.5% 정도로 올리는 노력을 하고 있으나, 이러한 목표가 달성되더라도 화석에너지 또는 원자력에너지의 비중이 보다 높은 것이 현실이다. 그럼에도 불구하고 신재생에너지를 개발하려는 노력이 이루어지지 않으면 지구의 환경재해를 피할 수 없기 때문에 우리나라와 같이 경제성장을 성공적으로 이룬 국가들이 기후환경문제를 해결하기 위하여 선도적인 역할을 하여야 한다.

그러면 어떠한 에너지가 신재생에너지인가? 신재생에너지를 구분하자면 태양열 · 태양광 · 물 · 바람 · 지열 · 바이오메스 등이 재생에너지이고 수소에너지 · 연료전지 등이 신에너지이다. 현재 재생에너지의 대부분은 전력을 생성하는 데 이용되며, 바이오 퓨얼 등 아주 미미한 정도만 수송에 활용되고 있다. 재생에너지이 한계는 생산비용이 높아 정부이 보조가 없으면 개발하기가 쉽지 않다는 점이다. 신에너지는 아직 연구단계에 있어 에너지원으로 사용하는데 한계가 있지만 수소에너지 생성 및 배터리 축적 기술개발이 이루어질 경우 에너지 구도를 완전히 바꿀 정도이어서 기대하는 바가 크다.

현재 재생에너지는 주로 전력을 생산하는 데 활용하면서 이산화탄소 배출 등의 환경위해적인 요인이 없는 것이 장점이다. 통상 전력은 터빈의 작동으로 일어나는데 발전소에서 석탄, 가스, 우라늄 등 1차 에너지원을 이용하여 열로 만들면 그 열이 수증기를 만들어 터빈의 날개를 돌리면서 전력을 생산한다. 우리 가정이나 기업은 이 과정을 거쳐 생산된 전력을 활용하고 있는데 화석에너지원 대신에 재생에너지원으로 전력을 생산하고자 하는 것이 녹색성장의 기본 요체이다.

먼저 태양을 이용한 전력 생산에는 두 가지 방안이 있다. 그 하나는 태양열을 이용하여 발전소를 가동시켜 전기를 만드는 것이며, 다른 하나는 태양 집적판을 이용하여 태양광을 바로 전력으로 만드는 것이다.

바람은 다른 형태의 태양 에너지이다. 지구의 어느 부분, 예를 들어 적도 지역은 극지보다 태양광을 더 많이 받아 온도차가 나면서 바람이 불게 된다. 또한, 육지의 공기는 해수면과 비교하여 낮에 더 빨리 뜨거워지고 밤에 더 빨리 차가워지면서 공기 흐름이 생기게 된다. 지면의 공기가 뜨거워지면 팽창하면서 위로 올라가고 이 공간을 찬 공기가 채우면서 바람이 생성되는 것이어서 풍력은 태양 에너지로 인한 변화이다. 이 바람을 이용하여 전력을 생산하면 환경에 위해한 요소가 없게 된다.

지열은 태양열이 아니라 지구의 깊은 지역에서 나오는 에너지이다. 지열은 무한대이어서 어느 에너지원보다 풍부하지만 실용화하기는 쉽지 않다. 바이오메스는 나무 · 나무 찌꺼기 · 옥수수 등 작물·잡초·폐기물 등을 이용하여 만들 수 있는 에너지이다. 최근에는 이끼 등을 재배하여 바이오 퓨얼 등을 만드는 노력을 하고 있다.

신에너지 가운데 수소에너지에 대한 기대가 크다. 수소 에너지는 수소와 공기와의 화학반응을 통해 전기를 생산하는 것인데, 수소를 대량으로 생산하는 기술을 개발하는 것이 관건이다. 전기에너지로 물을 분해하여 생긴 수소나 미생물이 유기물을 분해하는 과정에서 발생하는 수소를 채집하여 공기와의 화학적인 반응을 통해 전기 생산에 활용하는 것이 수소에너지이다. 차세대 에너지원으로 기대가 크지만 아직은 수소를 얻는 경제적인 기술이 개발되지 못한 상황이다.

2. 이산화탄소를 배출하는 국가들

산업화 초기에는 공기 중에 이산화탄소 입자가 280피피엠(parts per million, ppm) 정도 있었으며 이는 지구의 냉각을 막는 보온 역할을 하였다. 그러나 20세기 산업화 과정에서 대다수 선진 국가들이 많은 이산화탄소가 배출되면서 2010년에는 389피피엠으로 측정되었고, 지난 2세기 동인 지구온도가 0.8도 상승하여 따뜻한 공기가 빠져나가지 못하는 온실효과를 가져오고 있다. 화석연료의 사용으로 이산화탄소가 배출되면서 그 수치가 점차 올라가고 있는데 만약 통제되지 않으면 가까운 시일 내에 위험수위인 560피피엠으로 올라가 보온이나 온실이 아니라 한증막과 같은 역할을 할 것으로 전망한다. 이 경우 지구 온도가 2도 상승하게 되어 태풍, 사막화, 홍수 등 지구에 커다란 환경 재앙을 불러올 수 있게 된다.

이산화탄소를 배출량을 보면, 1997년 전체 이산화탄소 배출 가운데 미국이 24%, 유럽연합이 17%를 차지할 정도로 선진국이 주로 배출하였으나 환경문제가 제기되면서 그 비중이 점차 감소하고 있다. 반면, 중국은 높은 성장과정에서 이산화탄소 배출량 역시 급상승세를 기록하였다. 2007년에 이미 전 세계에서 가장 많이 배출한 국가가 되었고 조만간 미국·유럽연합·일본 등의 배출량을 합한 것보다 많이 배출할 것으로 예상된다.

이산화탄소 배출에 대하여 선진국과 개발도상국 간에 서로 책임을 미루고 있다. 지구온난화 문제를 해결해 나가는 데 있어 선진국은 개발도상국도 이산화탄소 배출 감축에 참여해야 한다는 입장이지만, 중국과 인도는 성장과정에 있는 자국의 기업에 탄소배출 감축을 강제할 수는 없으며 경제성장의 혜택을 누려왔던 선진국의 책임론을 강하게 주장하고 있다. 또한, 2020년까지 매년 선진국이 1,000억 달러를 지원하여 지구 환경문제를 대처하도록 하고 있으나 유럽의 채무위기, 미국의 누적된 정부 채무 등으로 재원을 조달하는 것이 쉽지 않은 상황이다.

우리도 환경에 보다 관심을 가져야 할 때가 되었으며 특히 녹색기후기금을 유치한 국가로서 녹색성장을 선도할 책임도 생기게 되었다. 우리의 이산화탄소 배출량을 보면 2007년 기준으로 총 배출 규모로는 8위, 1인당 배출규모로는 4위여서 세계 경제에서 차지하는 위치(15위)보다 많은 탄소배출량을 생산하고 있다.

이산화탄소 배출 주요국가(1997 년 및 2007 년 비교)

1997년

구분	Metric tonnes CO_2(bn)	Metric tonnes CO_2(1인)
미국	5.53	20.3
유럽연합	3.39	8.3
중국	3.36	2.7
러시아	1.46	9.9
일본	1.20	9.5
인도	0.91	0.9
캐나다	0.51	16.9
한국	0.45	9.7
멕시코	0.35	3.8
우크라이나	0.33	6.4

2007년

구분	Metric tonnes CO_2(bn)	Metric tonnes CO_2(1 인)
중국	6.7	5.1
미국	5.83	19.3
유럽연합	4.06	8.2
러시아	1.63	11.4
인도	1.41	1.3
일본	1.27	9.9
캐나다	0.58	17.7
한국	0.52	10.7
이란	0.51	7.2
멕시코	0.47	4.4

자료: World Resources Institute

3. 풍력과 태양력에 대한 과도한 기대

풍력은 자연 에너지원으로서 환경오염에 전혀 문제가 되지 않는 것으로 인식하고 있으며 실제 풍력 자체만 본다면 그렇다. 그러나 풍력의 문제는 바람이 늘 일정하게 불지 않아 지속적으로 전력을 생산하지 못하는 점이다. 그렇기 때문에 독자적인 에너지원으로 사용되기는 어려우며 다른 발전시설이 항상 수반되어야 한다.

또한, 풍력 시설이 가동될 경우 엄청난 소음을 유발하여 그 시설은 대체로 인구밀집 지역에서 벗어나 있다. 따라서 풍력이 지속적으로 사용되기 위해서 꾸준한 발전능력과 함께 생성된 전력을 송전하는 시설이 같이 이루어져야 하는데 송전 설비에도 상당한 비용이 소요된다.

태양력 역시 태양에너지를 집적하기 위하여 대규모 집적시설을 필요로 한다. 물론 가정이나 거리에서 소규모 집적장비를 설치할 수 있어 풍력보다 나은 환경이기는 하지만, 날씨가 수시로 변화하고 있어 태양 에너지를 일정하게 집적하는 것이 쉽지 않다. 이러한 이유로 태양력 역시 주 에너지원이 되기에는 한계가 있다.

생산된 풍력과 태양력을 전기로 사용하게 되면 가스나 석탄의 수요가 줄어들게 되어 이산화탄소 배출을 줄이고, 남는 가스를 전기 자동차 연료로 사용하게 되면 석유를 수입하지 않아도 되지 않을까? 이러한 논리가 그럴싸하지만 실제로는 그렇지 않다. 풍력으로 발전을 하게 되지만 생산규모나 시점이 일정하지 않기 때문에 이를 보완하기 위하여 가스 발전시설과 가스 관 매설이 병행되어야 하고 이에 따라 풍력 및 가스 두 전력시 설 모두 효율성이 떨어질 수 있다. 풍력 자체의 발전 비용이 싼 것은 맞지만 다른 발전시설을 병행해야 하는 것을 염두에 두면 그 비용은 상승한다. 이에 따라 풍력발전 시설이 독자적인 역 할을 하기에는 아직 한계가 있다. 즉, 전력의 가변성, 비연속성 으로 기존의 전력시설을 대체하기에는 문제가 있고 다만 보완 할 수 있는 정도이다. 이에 따라 그 자체로서는 이산화탄소 배 출을 일부 줄일 수 있으나 전체적으로 줄이는 비중은 아직 미 미하다.

4. 이산화탄소 배출이 줄어들기 어려운 현실

이산화탄소의 배출로 인한 지구 온도 상승을 막기 위하여 오바 마 대통령은 이산화탄소의 배출을 80% 줄이자고 하고, 고어 전 부통령은 가까운 시일 내에 탄소를 배출하지 않은 전기를 생산하 자고 하지만 현실적으로 가능한지 여부를 살펴보아야 한다.

재생에너지를 사용하면 이산화탄소를 배출하지 않아 기후변 화를 막고, 중동에 의존하는 구조도 없어져 국제분쟁도 줄어들 것이며, 에너지 수입이 줄어들게 되면 정부재정적자도 감소할 것이다. 특히 개발도상국은 인구가 늘어나고 있어 에너지 수요 역시 계속 증가하고 있다. 선진국에서와 같이 풍력이나 태양력 을 사용하여 에너지를 공급하면 될 터인데 왜 하지 않을까?

가장 큰 이유는 재생에너지가 아직 상용화할 단계까지 와 있지 않다는 점이다. 재생에너지 생산비가 높아 기업이 이를 생산하도록 하기 위하여 정부는 엄청난 재정보조를 하여야 한다. 현재 전 세계적으로 에너지원의 88%가 화석 자원인 상황에서 기후 변화를 이유로 화석에너지를 줄이고 재생에너지를 늘리는 것이 바람직하나 재정적, 기술적 어려움이 있다.

환경의 중요성이 강조되면서 선진국의 배출량은 꾸준히 감소하고 있다. 그러나 개발도상국의 배출은 오히려 늘어나고 있다. 개발도상국이 화석 에너지를 쓰지 않고 비싼 재생에너지를 쓰는 것을 기대하기가 어렵다. 지금도 1인당 비율로 선진국이 화석 에너지를 가장 많이 사용하고 전체 사용 에너지가 선진국에 편중되어 있는 에너지 양극화(energy divide) 상황에서 개발도상국에 화석 에너지를 줄이라고 하기가 쉽지 않다. 이산화탄소를 줄이기 위하여 탄소세 적용 역시 선진국에서 실행되고 있지만 개발도상국은 수용하기가 쉽지 않다. 중국·인도·인도네시아 등의 개발도상국이 경제발전을 희생하면서 탄소세 적용을 용인하지 않을 것이다.

2000~2010년 동안 이산화탄소 배출이 전 세계에 걸쳐 28.5% 증가하였다. 이는 주로 전기량 증가에 따른 것인데 전기 생산을 위하여 석탄 47%, 천연가스 29%, 석유 13% 정도의 에너지 사용이 증가하였다. 이산화탄소배출을 본다면 미국 등 선진국에서는 대체로 에너지 사용을 줄이면서 배출량도 미미하게나마 줄었으나 중국(123%), 아시아(44%), 중동(57%) 등 개발도상

국에서는 대폭 늘어났다. 이산화탄소 배출에 대한 우려에도 불구하고 개발도상국은 연료로서 가장 싸고 열효율이 높은 석탄을 더 많이 쓰게 될 것이다. 이를 통하여 더 많은 전기를 사용하게 되고 그 결과 이산화탄소 배출이 증가할 것이다. 개발도상국의 이산화탄소 배출이 줄어들 가능성이 없어 지구 환경문제 해결이 쉽지 않다.

에너지원을 살펴본다

에너지원을 구분할 때, 크게 발전 및 수송 목적으로 나누어 살펴보는 것이 편리하다. 이는 수송 목적으로 사용하는 석유와 발전목적으로 사용하는 여타 에너지원 간에 상호 대체성이 희박하기 때문이다.

1. 발전을 위한 에너지원

석탄

개발도상국만이 석탄 의존도가 높을 것으로 생각하기 쉽지만, 미국·일본·호주 등 대다수의 국가도 석탄을 발전용으로 사용하는 비중이 상당히 높다. 그 이유는 가격 대비 열효율이 다른 에너지원보다 훨씬 높기 때문이다.

미국은 전력의 48%를 석탄을 통하여 생산하고 있으며, 전체 이산화탄소 배출의 82%를 석탄이 차지한다. 이산화탄소의 배출이 높아 환경위해적인 요인이 있음에도 석탄의 사용을 배제하기가 어렵다면 기술발전을 통하여 청정석탄의 사용을 도모하는 것이 오히려 현실적이다. 석탄을 연소시키기보다 가스화하는 기술(gasification technology), 생성되는 이산화탄소를 채집하여 가두는 기술(CCS : carbon capture and sequestration technology) 등의 청정 기술을 발전시켜 석탄의 사용 시 이산화탄소 배출을 줄일 필요가 있다.

천연가스

천연가스는 석탄보다 2분의 1 정도의 이산화탄소를 배출하는 에너지원이며 비교적 많은 가스가 지구 곳곳에 매장되어 있다. 전통적인 가스뿐만 아니라 최근 수압파쇄방식 기술과 수평시추기술로 셰일 암에 갇혀진 비전통 가스를 채굴할 수 있게 되어 상대적으로 친환경적인 에너지원을 폭넓게 활용할 수 있게 되었다.

셰일가스의 개발은 미국뿐만 아니라 전 세계 에너지 구도에 커다란 변화를 불러오고 있다. 미국의 경우 2000년만 하더라도 셰일가스의 공급이 1%에 불과하였으나 2010년에는 30%, 2030년에는 50%까지 상승할 전망이고, 앞으로 100년 동안의 수요에도 대응할 수 있는 규모이다. 1990년대 미국의 가스 단위(mmBtu)당 가격이 2달러 수준에서 2005년 15달러까지 상승하였다가 2012년 초반에는 2.5~3달러 정도에 그치고 있다. 이에 따라 2011년 전력생산 부문에서 천연가스가 21%, 석탄이

48%의 비중을 나타내고 있으나, 2015년에는 가스가 25%, 석탄이 44%로 가스의 비중이 증가할 것으로 예상하고 있다.

가스 가격의 하락은 신재생에너지원 개발에 큰 영향을 미치고 있다. 단위당 7~9달러 선의 가스 가격을 예상하고 원자력과 풍력 발전 사업에 대한 기대가 높았으나 낮은 가스 가격이 계속되면서 신재생에너지원 개발이 주춤해지고 있다.

원자력

원자력은 화석에너지보다 200만 배 이상의 에너지를 발산한다. 비교하자면 원자로에서 1대 차량 분량의 우라늄 원료를 공급하여 생산하는 에너지를 석탄 발전소를 가동하여 생산할 경우 매주 100대 분량의 석탄을 1년 반 동안 공급해야 생산할 수 있을 정도이다.

이러한 열 효율성 장점에도 불구하고 미국은 3마일 섬의 원자로 사고로 지금까지 신규 원자로 건설을 중지하였으며, 최근 네바다 주 유카 산에 건설하기로 한 사용 후 핵연료 매립지 사업도 중단하였다. 또한, 원자로 건설이 주춤하다보니 기업들이 활용할 수 있는 연방 차관보증제(federal loan guarantee)도 거의 사용하지 않고 있으며, 기존 원자로의 사용기간 역시 가까운 시일 내에 종료될 예정이다. 그 사용 연한을 연장할지 불투명할 정도로 미국의 핵에너지 사용 정책은 아직 방향을 잡지 못하고 있다.

1979년 미국의 3마일 섬 사고, 1986년 소련의 체르노빌 사고에도 불구하고 원자로 건설이 전 세계적으로 그동안 줄어들지 않았으며 오히려 증가하는 추세이다. 2011년 3월 일본 후쿠시마 원전사고 이후 원자로 건설이 독일·일본 등에서 폐지되거나 유보된 바 있다. 그럼에도 불구하고 러시아·중국·인도 등의 국가에서는 원자로 건설 방침에 변화가 없다. 지금도 개발도상국에서는 60여 개의 원자력 발전소를 건설하고 있으며 이는 6만 메가와트 규모로 현재 원전의 6분의 1에 해당한다. 향후 원전은 안전문제, 건설비용, 폐기물 처리 및 핵무기 확산이라는 도전에 계속 직면할 것이고 어떻게 대처할 것인가가 관건이다.

후쿠시마 사고를 계기로 원자로를 건설하는 국가는 필연적으로 안전기준을 강화하고 안전관련 기술 개발을 해 나갈 것이다. 또한, 원전건설 비용이 높아지고 공사기간도 연장될 것이다. 경비문제로 인하여 새로운 형태의 원자로, 즉 1,000메가와트 기준에서 300메가와트의 소규모화 된 원자로(SMR : Small Modular Reactor)가 현장에서 조립식으로 건설하는 양태로 발전될 수 있을 것이다. 원전사고가 일어났지만, 원자력 사용 추세가 줄어들기는 쉽지 않을 것으로 보이며 다만 안전을 위하여 제작, 관리 및 통제가 강화되어 비용이 상승하는 요인은 피할 수 없다.

재생에너지

풍력 및 태양력 에너지를 미래의 에너지원으로 개발해야 한다는 점에서 의문의 여지가 없으나 여전히 기술적인 제약이 있다. 풍력 에너지는 지역에 따라 일정하지 않게 생성되어 효율적이지 못하다. 풍력 에너지를 생산하고자 한다면 동시에 보조에너지 시설, 주로 천연가스 공급 시설을 만들어 전력 공급에 차질이 없도록 해야 한다. 또한, 풍력생산 단가가 비싸기 때문에 세금을 통한 에너지원 보조금 지불이 이루어져야 한다. 풍력에너지가 대체로 산간, 해안 등에서 생산되고, 설치된 시설이 소음 등의 이유로 민가와 떨어져 있는데 이를 활용하기 위하여 송전시설이 잘 발전되어야 한다. 그러나 송전과정에서 상당한 전력손실이 발생하고 있어 이러한 요인을 보완해 나가야 한다.

태양력 에너지는 무궁무진하지만 아직은 에너지 발생 대비 비용이 높고 효율성도 떨어진다. 태양광을 이용하여 전기를 직접 생산하는 태양광 발전 기술(photovoltaic electric technology)을 지속적으로 향상시켜야 한다. 태양 에너지를 집적하기 위하여 실리콘 웨이퍼 판을 활용하고 있으나 에너지 효율은 8~15%(화석에너지는 40~50%)에 불과하며 최근 나노 기술을 이용하더라도 20~30% 정도로만 올라갈 것으로 예상한다.

태양열 발전기술(solar thermal technology)은 태양열로 가열하여 수증기를 생성한 후 이를 이용하여 발전기를 돌려 전력을 생산하는 것이다. 태양광 발전 기술이 태양의 빛을 직접 사용해야 하는데 비하여 태양열 기술은 태양열을 축적할 수 있는 장점이 있다. 그럼에도 엄청난 규모의 시설을 지으려면 인구밀집지역에 건설하는 것이 쉽지 않기 때문에 아직은 보다 획기적인 기술 개발이 필요하다.

중국은 정부주도로 풍력 및 태양력 에너지를 개발하고 있으며, 신재생에너지 비중을 2010년 8%에서 2020년 15%로 증가시킬 계획이다. 풍력의 경우 2001년 불과 402메가와트(MW)로 미국의 3,864MW에 비하여 10분의 1 수준이었으나, 10년 만인 2010년에 42,287MW로 미국의 37,889MW를 앞지르기 시작하였다. 전체 신재생에너지원으로서도 미국이 340억 불을 투자하여 58GW를 생산한 것에 비하여 중국은 544억 불을 투자하여 103GW를 생산하고 있다.

중국은 규모의 경제, 낮은 인건비, 정부의 지원, 원료의 확보 등으로 전 세계의 태양력 에너지 패널 및 풍력 터빈 가격 하락을 주도하고 있다. 2011년 풍력 터빈은 2007년보다 3분의 1의 가격, 태양력 패널은 4분의 1의 가격으로 하락하였다. 이와 같이 제품의 가격이 하락하여 가스 및 석탄 발전기와 경쟁할 수 있게 됨으로써 재생에너지원 발전에 커다란 도움이 된 면도 있다 그러나 다른 측면에서는 미국 · 독일 · 일본 등 선진국의 기업 도산을 유발하고 있어 중국의 독점적인 지위가 재생에너지 발전에 바람직하지 않은 면도 있다.

오바마 정부는 신재생에너지원에 초점을 두면서 정부 보조금에 차이를 두어 지원하였다. 2008년 기준으로 생산전력 메가와트당 가스는 0.25달러, 석탄 0.44달러, 수력 0.67달러, 원자력 1.59달러를 지원한데 반하여 태양력 24.34달러, 풍력 23.37달러의 보조를 하였다. 이는 재생에너지에 대한 정부 지원이 여타 에너지와 비교할 수 없을 정도로 많으며, 정부 보조 없이 재생에너지를 개발하기 어렵다는 것이 현실이다. 이러한 정부지원에도 불구하고 중국의 낮은 가격과는 경쟁이 되지 않아 미국 기업들이 도산하고 있다.

여타 에너지원으로서 수력 발전은 풍부한 물과 함께 지형적으로 많은 토지를 필요로 하기 때문에 대부분의 국가에서 더 이상 확대할 만한 곳이 없다는 점이 제약이다. 지열은 향후 기술발전에 따라 잠재력이 많은 부문이기는 하나 비용과 효율성 측면에서 아직은 이른 감이 있다. 연료전지는 전기분해방식을 통하여 수소를 얻는 방식으로 수송망도 필요 없고 손쉽게 전력을 발생시킬 수 있으나 기술발전이 충분치 않아 상용화하기까지 상당한 기간이 소요될 전망이다.

2. 수송을 위한 에너지원

석유

석유의 고갈론이 종종 거론되지만 아직은 석유 공급이 수요를 충족시키지 못할 정도는 아니다. 전통 석유자원이 심해저에서 계속 개발되고 있고, 미국 내에서 새로이 개발되는 셰일석유와 캐나다, 베네수엘라의 모래석유를 더하면 아직은 부족하지 않다. 다만, 개발도상국 중심으로 석유수요가 급증하고 있고 수송목적의 석유를 대체할 자원이 마땅치 않다. 또한, 석유가 환경을 가장 오염시키는 자원이라는 점을 어떻게 극복할 것인가가 관건이다.

미국만 하더라도 치밀 석유(tight oil) 생산이 증가하고 있으며 이 결과 2010년 일일 1,120만 배럴을 수입하던 상황에서 2020년에는 수입량이 300만 배럴로 대폭 감소할 가능성도 있다. 이에 더하여 2007년 미국의 소비가 2,070만 배럴로 최고치에 이른 다음 감소하는 추세에 있고, 접경국가인 캐나다의 모래석유 생산이 증가하면서 정치적으로 불안정한 국가에의 의존도가 상당히 줄어들 수 있어 미국이 바라던 석유자립 또는 불안요인 최소화가 가능하게 될 전망이다.

바이오 연료

석유 등 화석연료가 배출하는 이산화탄소로 지구가 온난화될 것이라는 우려와 함께 유가도 상승하고 있어 석유를 대체하는 연료를 개발하기 위한 다각적인 연구가 진행되고 있다. 그 하나의 방법이 옥수수 등을 이용한 에탄올로 휘발유를 일부 대체하는 것이다. 미국의 주유소에서 10% 에탄올(E-10)이라는 표식을 쉽게 볼 수 있는데 휘발유와 함께 10%의 에탄올을 의무적으로 사용하도록 하고 있으며 앞으로는 에탄올 사용비중을 15%(E-15)로 올릴 예정이다.

바이오 연료는 에탄올과 바이오 디젤로 구분된다. 에탄올의 경우 처음에는 식용이 가능하였던 사탕수수와 옥수수로 만들었으나 기술의 발전과 더불어 식용재료가 아닌 억새, 수수, 폐지,

나무 부스러기, 옥수수 사료풀 등을 이용하여 만들고 있다. 바이오 디젤은 팜오일, 코코넛, 땅콩, 콩, 해바라기씨 등을 이용하여 만든다.

옥수수, 잡초, 이끼 등 유기체물로 만들어지는 에탄올을 포함한 바이오 퓨얼이 개발되고 있지만 그 규모가 아직은 미미하다. 바이오 퓨얼이 화석연료보다 친환경적이지만 이산화탄소를 전혀 배출하지 않는 것이 아니며, 효율성은 휘발유의 20~25% 정도에 불과하다. 옥수수 에탄올은 곡식가격의 상승을 가져올 뿐만 아니라 정부의 보조지원이 없으면 가용하지 않다. 또한, 송유관으로 운송하면 그 성분이 희석되는 경향이 있어 트럭 등으로 운송해야 하는 어려움도 있다. 에탄올 사용을 의무화하고 있고 엑슨 모빌 등 여러 기업이 이끼로 생성하는 바이오 퓨얼을 생산하기 위하여 많은 투자를 하고 있으나, 여전히 수송 연료의 역할을 하기에는 많은 한계가 있다.

하이브리드 및 전기 엔진

여러 종류의 하이브리드 차량이 있겠지만 휘발유 또는 디젤을 사용하는 내연 엔진과 재충전이 가능한 배터리를 혼용하는 방식이 널리 사용되고 있다. 전기 충전을 위하여 주로 리튬 이온 배터리를 개발하고 있는데 성공적으로 개발될 경우 연비가 기존 방식보다 2배 정도 효율적이다. 갤런당 현재 27.5마일에서 45~60마일 운행이 가능하여 이산화탄소 배출을 상당히 감소시킬 수 있다. 다만 배터리가 매우 비싸며, 배터리를 이용한 주행거리가 매우 짧다는 것이 제한적인 요소이다. 현재 배터리에 전기를 충전하기 위해서는 여전히 화석에너지를 사용해야 하고 이 경우 이산화탄소를 배출하게 되며, 사용한 배터리의 처리 문제도 과제가 된다.

수소연료전지 차량

전기로 운용되어 배터리 장착이 필요 없는 수소연료전지 차량은 차세대 꿈의 차량으로 거론되고 있다. 양성자 교환 막을 통하여 수소와 공기를 합성시켜 물과 전기를 발생하도록 하며, 생성된 전기로 전기 엔진을 돌리는 방식이다. 탄소를 사용하지 않고 지구상에서 가장 흔한 수소를 이용하도록 되어 있어 사용 후 물이 나오기 때문에 환경적으로도 문제가 없고 현실화되면 깨끗하고 소음이 적으며 쉽게 관리할 수 있으나 아직 이러한 기술을 개발하지 못하고 있다.

우리가 활용하는 수소의 96%는 석탄, 석유, 천연가스 등의 화석에너지에 있고 4%만 물에 있는 정도이다. 따라서 이들로부터 수소를 추출하기 위하여 상당한 비용이 들고 오염물질이 발생하고 있어 기술 개발이 쉽지 않다. 현재의 기술로는 성공 가능성이 낮아 이를 현실화하기 위해서는 앞으로 많은 투자가 필요하다.

천연가스 차량

석유소비를 줄이기 위하여 천연가스 차량을 개발해 사용할 필요가 제기된다. 다만 발전용으로 가스를 주로 사용할 경우 구태여 천연가스 차량을 만들어 수송용 에너지원으로 활용할 필요가 있을지, 그리고 가스 주입을 위하여 곳곳에 가스 주입소를 설치해야 하는데 주유소와 중복되는 많은 낭비를 검토해야 한다. 가스 폭발 등 안전상의 문제가 수시로 제기되고 있으며 여러 에너지원을 개발하는 것은 좋지만 이를 활용하기 위하여 주유소, 가스 주입소, 전기배터리 충전소, 바이오 퓨얼 주입소 등 곳곳에 다른 에너지원을 주입하는 시설을 만들게 되면, 그 비용도 고려해야 한다.

Ⅲ. 에너지를 다루는 마음

어떤 에너지를 원하나

1. 에너지원에 대한 고민

녹색성장이 슬로건의 대세를 이루고 있다. 이 말의 의미를 그대로 해석하면, 신재생에너지를 활용하여 기후환경을 깨끗하게 하면서 일자리를 지속적으로 창출해 나가는 가운데 높은 경제성장을 하겠다는 것이다. 이러한 가운데도 우리의 화석에너지 자급률과 원자력 비중을 높이자고 한다.

이와 같은 목표가 이루어지면 좋으련만, 가까운 시일 내에 달성하기가 어렵다. 그렇다고 하여 녹색성장 목표가 틀리다는 것이 아니다. 다만, 획기적인 기술 개발이 이루어지기까지 신재생에너지를 이용한 친환경 성장이 쉽지 않은 험난한 길이 될 수밖에 없으며, 녹색성장으로 가는 과정에서 화석에너지에 근거한 성장을 당분간 포기할 수 없다는 것이다.

대부분의 사람들, 특히 환경에 초점을 둔 사람들은 에너지 개발이 환경을 해치는 것으로 생각하여 전통적인 에너지에 대하여 알레르기 반응을 보이고 있다. 그러나 에너지와 환경을 동전의 양면과 같이 여기면서 환경을 보존하는 가운데 에너지를 어떻게 효율적으로 개발할 것인가를 검토하는 것이 보다 효율적이고 현실적이다.

효과적인 에너지란 어떤 것일까? 값싸고, 깨끗하며, 지속적으로 공급할 수 있는(cheap, clean, affordable) 에너지이면 가장 바람직할 것이다. 그러나 인류가 아직은 세 요건을 다 갖춘 에너지를 생산하고 있지 못하고 있다. 석탄은 싸고 지속적으로 공급이 가능하지만 깨끗하지 못하다. 석유는 오히려 세 가지 여건을 다 갖추지 못하지만 현재 가장 많이 쓰이는 에너지원이다. 신재생에너지는 깨끗하지만 여전히 비싸고 지속가능한 공급을 아직은 확보하고 있지 못하고 있다. 그동안 원자력이 오히려 세 가지 요건을 갖춘 환상적인 청정에너지원으로 생각하였으나 최근 후쿠시마 원전사고로 인해 위험하고 환경을 오염시키는 것으로 배척받고 있다. 결론적으로 천연가스가 이 세 가지 요건에 비교적 적합한 에너지원으로 부상하고 있다.

2. 누가 탄소 덩어리와 원자력을 원하는가?

누가 검은 매연을 일으키는 석탄을 원하는가? 지구온난화의 주범인 이산화탄소를 가장 많이 배출하는 석탄을 왜 사용하고자 할까? 유연탄을 캐는 것도 쉽지 않아 광부들이 생명을 무릅쓰고 지하 갱도를 따라 깊이 들어가야 캐낼 수 있다. 1960~70년대만 하여도 강원도 태백 탄광의 붕괴로 많은 광부가 사망하는 기사를 종종 접하여 석탄에 대한 인상이 그다지 좋지 않았다. 그럼에도 전 세계적으로 석탄을 에너지원으로 사용하는 비중이 30%에 이르고 있으며 줄어들 가능성도 적다. 그 이유는 가장 풍부하고, 또한 열효율이 석유 다음으로 좋으며 가격도 저렴하기 때문이다.

또 누가 석유를 원하는가? 2010년 4월 미국 멕시코 만에서 발생한 해저원유 누출사고는 상상을 초월한다. 하루 5만 3,000배럴, 즉 정유차량 2,000여 대가 매일 약 3개월 동안 바다에 기름을 쏟아 부었다고 생각해보라. 총 490만 배럴(7억 8,000만 리터)의 기름, 남한 규모의 기름 덩어리가 수개월 동안 바다를 떠다녔다. 우리 기억에도 생생한 2007년 12월 태안반도에서의 기름유출이 이보다 1/70인 총 7만 8,000배럴이었다. 멕시코 만에서의 기름 유출은 태안반도에 유출된 모든 기름의 3분의 2가 매일 3개월 동안 유출되었음을 비교할 때 멕시코 만 사건이 얼마나 심각했는지를 알 수 있다. 그럼에도 가장 높은 비중의 에너지원이자 수송수단으로 아직은 석유를 대체할 연료를 개발하고 있지 못하고 있는 상황이다.

그렇다면 천연가스는 어떠한가? 가스 역시 지구온난화의 원인으로 지목받고 있는 이산화탄소를 배출하고 있다. 다만 그 규모가 석탄이나 석유의 2분의 1 수준인 점에서 신재생에너지가 상용화되기까지 과도기적으로 활용할 수 있는 점에서 유리하다. 전 세계적으로 천연가스의 활용이 점차 증가할 가능성이 높으며, 우리 역시 중동 · 동남아시아 지역으로부터 액화가스(LNG) 형태로 도입하고 있다. 향후 미국의 셰일가스도 LNG 형태로 도입을 추진 중인데 LNG 도입의 경우 가스관 도입보다 높은 비용을 지불해야 한다. 앞으로 러시아로부터 가스관을 통하여 가스를 도입할 경우 도입 가격도 낮아지고 러시아 · 중동 · 미주 지역으로부터의 도입선이 다변화할 수 있는 여력이 있는 점은 다행이다.

누가 원자력을 원하는가? 원자력은 값싼 녹색에너지(green energy)로 여겨져 왔다. 선진국뿐만 아니라 개발도상국에서도 원자로 건설에 박차를 가하고 있던 시점에서 2011년 3월 후쿠시마 원전 사고가 발생하였다. 물론 원전사고가 1979년 미국(3마일 섬), 1986년 구소련(체르노빌)에서 발생하기는 하였지만 두 경우 공히 인재로 인한 사고여서 주의를 기울이면 사고를 예방하는데 문제가 없을 것으로 생각하였다. 그러나 안전 국가의 대명사로 불리던 일본에서 이번 사고가 발생함으로써 원전 사고가 사람이 관리하는 범위를 벗어날 가능성이 있고 그 사고의 여파가 상상을 초월할 여지가 있어 원자력이 더 이상 안전하지 않고, 또한 값싸지 않다는 인식이 확대되고 있다.

3. 대체에너지를 원한다. 그러나 …

신재생에너지는 어떠한가? 지구를 뜨겁게 달군다고 하는 이산화탄소의 배출도 없고 태양력 · 풍력 · 지열 · 수력과 같이 자연 그대로를 사용할 수 있으니 모두 원하고 있다.

그러나 과연 믿을만한 에너지원인가? 우선 생산비에서 경쟁력이 떨어져 정부보조금 없이는 개발이 가능하지 않다. 미국뿐만 아니라 유럽이나 한국에서도 풍력, 태양력 등 신재생에너지 생산 비용에 대하여 국가가 보조하고 있다.

신재생에너지의 또 다른 단점은 전력 생산이 일정하지 않다는 점이다. 이 가운데 가장 높은 비중을 차지하고 있는 풍력의 경우 수요가 많은 낮 시간에는 생산이 적고 밤 시간에 생산이 많아 수요에 대응하지 못하고 있다. 이 경우 생산되는 에너지를 저축하는 기술, 즉 배터리 축적 기술이 개발되어 있다면 생산 에너지를 조절할 수 있으나 아직 이러한 기술개발이 충분히 이루어지지 않아 풍력 등이 주요 에너지원이 되기에는 요원하다.

아울러 신재생에너지를 생산하는 데 따른 어려움도 수용해야 한다. 우선 풍력발전 날개가 만드는 소음을 참아야 하고, 태양 전지판이 필요로 하는 엄청난 토지를 확보해야 한다. 이러한 시설이 밀집거주지역과는 떨어져 있어야 하고, 중간에 고압 송전선이 세워지고, 또한 송전과정에서 많은 전력이 손실된다.

이러한 이유로 각국이 신재생에너지 개발에 많은 노력을 기울이지만 그 비중이 급격하게 늘어나지 않고 있다. 미국의 2009년 현재 에너지 수요를 보게 되면 화석에너지 비중이 85%(석유 37%, 천연가스 25%, 석탄 21%), 원자력 9%인데 반하여 재생에너지는 8% 정도에 불과하다. 이 8% 가운데서도 수력·나무·바이오 퓨얼이 대부분이며 풍력과 태양력이 합쳐 그 10분의 1에 불과하여 전체 에너지원 가운데 1%도 되지 않는다.

그럼에도 신재생에너지의 비중이 미약하나마 상승추세에 있다는 점은 고무적이다.

4. 탄소량 배출의 통제와 기후환경의 개선

환경론자들이 주장하는 탄소배출 통제방안은 다음과 같다. 대체에너지가 보다 경쟁성을 갖도록 하기 위하여 높은 탄소세 또는 에너지세를 부과하고, 이산화탄소(carbon-dioxide) 배출을 엄격하게 통제하기 위하여 탄소배출권 거래제(cap-and-trade program)를 활용하도록 한다. 기술 개발을 통하여 수소연료전지(hydrogen fuel cells), 전기 차 또는 하이브리드 차, 풍력발전 전기 등을 사용하는 방안이 제기된다. 선진국의 책임을 물어 개발도상국에 재원을 이전하여 기후변화에 보다 잘 적응하도록 하고, 유엔에서 포괄적인 협약을 만들어 시행하여야 한다는 입장이다.

아쉽게도 이러한 조치가 효과를 내기까지는 상당한 시일이 걸리거나 국제적인 합의를 도출하기가 쉽지 않을 전망이다. 환경론자에 대응하여 에너지원 개발을 지지하는 사람들은 청정에너지 기술 개발에 투자를 히어 관련 기술을 전 세계 국가들이 더욱 저렴한 가격으로 사용할 수 있도록 하는 것이 오히려 현실적이라고 보고 있다. 비효율적인 구형 디젤 발전기를 대체하는 등 탄소배출을 적은 규모로나마 줄여나가며, 개발도상국들이 가뭄, 홍수 등의 환경피해를 줄이도록 하는 데 지원을 강화해 나가야 한다는 입장이다. 모든 국가가 관여하기보다 G-20 국가들 간의 협약에 초점을 맞추어 환경문제를 해결해 나가는 방안을 주장하고 있다. 이들은 에너지 환경 정책이 값싸고 청정하며 가용한 에너지를 공공재로서 어떻게 공급할 것인가에 맞추어야 한다는 입장이다.

환경론자와 에너지 개발론자의 입장이 다르더라도 기후변화에 대하여 어떠한 형태로든 대응해 나가야 한다는 점에서 크게 다르지 않다. 대기 내 이산화탄소 밀도가 상승하면서 지구 온도가 점차 올라가고 있다는 것이 과학자들의 의견이다. 이러한 기후 변화에 대응하여 에너지 인프라 효율성을 증대하고, 환경 친화적인 바이오 퓨얼이나 기후 대응작물(weather-tolerant crops) 사용을 확대해야 한다. 이산화탄소를 가장 많이 배출하는 석탄 공장에서 이산화탄소를 채집하는(carbon capture and sequester, CCS) 기술을 개발해야 할 것이다.

5. 전기 생산의 허와 실

유감스럽게도 대부분의 국가에서 전기를 생산하는데 이산화탄소 배출이 높은 석탄을 사용한다. 미국은 72%, 남아프리카 공화국은 무려 93%의 전기를 석탄으로 생산한다. 중국은 83%, 인도는 78%에 이르고 있으며 이 두 국가는 지속적인 경제성장을 위하여 매주 1개씩의 석탄 공장을 짓고 있다.

이러한 추세와는 대비되는 경우가 브라질로서 전기 생산뿐만 아니라 에너지 정책을 가장 성공적으로 이행한 국가이다. 브라질은 2차 석유위기 이후인 1980년만 하여도 석유수요의 77%를 수입하였다. 지난 30년 동안 브라질의 국내 석유수요가 2배나 증가하였음에도 지금은 오히려 수출을 도모하고 있다. 그 이유는 에탄올 생산을 통하여 수송 목적의 석유수요를 줄이고 심해저 개발을 통하여 대규모 석유자원을 발견하여 생산할 수 있게 되었기 때문이다. 발전 목적의 전기 가운데 85%를 수력으로 생산하고 석탄(8%)이나 원자력(3%) 비중은 매우 미미하다.

브라질의 사례가 에너지 환경을 바꾼 대표적인 것으로 거론되지만 다른 한편 지구의 허파인 열대림을 없애고 에탄올을 생산하기 위한 옥수수 생산지로 바꾼 것이 지구 전체적으로 바람직한지도 되새겨 보아야 한다.

독일의 예도 짚어보아야 한다. 독일은 원자로를 통하여 22%의 전력을 생산하여 왔는데, 원자로를 폐쇄할 경우 우선 에너지를 더욱 절약하고 효율화할 것이고 신재생에너지 비중도 늘리려고 할 것이다. 이로써 충분하지 않기 때문에 프랑스 원전이 생산한 핵에너지뿐만 아니라 석탄을 통한 에너지로 보충할 것이다. 독일의 원자로 폐쇄가 독일의 안전을 확보하는데 어느 정도 이바지할 것임에는 틀림이 없지만 주변국이 화석에너지를 통하여 생산한 전기를 도입한다고 한다면 지구 전체의 온난화를 방지하는 데 도움이 되는가, 그리고 원자로 폐쇄 효과가 과대 포장되고 있지 않는가는 냉정하게 살펴보아야 한다.

국제흐름을 살펴본다

1. 러시아를 둘러싼 에너지 문제

한·러 가스관 이야기만 나오면 이구동성으로 우리에게 반드시 필요한 사업이라고 주장한다. 일견 그렇게 보인다. 그러나 이 문제는 우리가 생각하는 것 이상으로 복잡하다. 물론 러시아의 가스를 도입하게 되면 에너지 수입원을 지역적으로 다변화하고, 또한 북한을 통관하게 될 경우 향후 통일문제에 이바지할 수 있을 것이다. 그럼에도 러시아로부터 에너지를 도입하기 위해서는 유럽에서 전개되고 있는 러시아의 에너지 수출 판도를 읽고 이를 통하여 우리의 전략을 구상해야 한다.

러시아는 에너지 의존국가(petro-state)이다. 소련이 휘청거리고 궁극적으로 붕괴한 원인이 사회주의 구조상의 문제도 있었지만 1980년대 유가의 하락으로 재정적으로 어려움을 겪었던 점에도 이유가 있었다. 마찬가지로 푸틴 대통령이 집권 초기 빠른 시일 내에 정권을 안정적으로 확보할 수 있었던 요인은 1998년 금융위기로 루블화의 폭락에 따라 수출여건이 나아진 점도 있었지만 유가상승이 뒷받침된 요인이 크다. 러시아 경제는 유가에 좌지우지되고 있어 2008년 이전 국제 유가가 높을 당시에는 경제가 상승세이다가 이후 국제유가의 급락으로 어려움을 겪었고, 최근 높은 유가가 지속되면서 경제 상황이 비교적 나아지고 있다.

러시아는 우주선을 쏘아올리고 핵무기를 만드는 나라이지만 생필품은 조악하고 충분한 국내 수요를 만족시키지 못하며 에너지에 의존하고 있는 산업구조이다. 1991년 러시아의 독립 후 권력과 유착된 몇몇 개인이 국가 자산인 에너지를 비정상적인 방법으로 인수하면서 민간 대기업(oligarch)을 만들어 금권을 행사하였다. 그러나 푸틴 대통령은 집권 이후 에너지 자원을 국가가 관리해야 한다는 강력한 의지에 따라 이들 기업을 대부분 국영기업으로 환원하였다. 그는 에너지 자원을 사유화하였던 주요 기업인을 엄단하여 그들 가운데 몇몇은 투옥되거나 망명하는 상황도 발생하였다.

석유·가스로 벌어들인 수입으로 에너지 이외의 국가산업을 육성하는 것이 필요하였으나 석유 연관 산업을 제외하고는 별다른 기업이 없는 실정이다. 그러다보니 엄청난 자원을 보유하고 있는 러시아가 국제 에너지 부문에서 영향력을 행사하기도 하지만 석유 및 가스의 가격 변화, 국제생산규모 및 수출량에 민감하며, 국내 경제가 국제 에너지 가격에 좌우되는 취약한 상황이다.

이것이 우리에게 시사하는 바가 있다. 우리는 에너지를 수입하다 보니 늘 불리한 입장에 있다는 선입견이 있지만, 반드시 그렇지만은 않다. 에너지 수출에 의존하는 러시아 역시 일정한 에너지 수요를 찾지 못하면 어려움을 겪는다. 에너지 수출국과 수입국은 힘겨루기를 할 수가 있으며 이것이 우리가 에너지 협상에서 유의할 점이다.

에너지 수입국인 유럽국가와 수출국인 러시아 간에 석유·가스를 둘러싸고 벌어지는 상황은 향후 러시아 가스 도입을 염두에 두고 주의 깊게 보아야 한다. 유럽국가는 상당량의 석유와 가스를 러시아에서 도입하고 있어 러시아에 에너지를 의존하고 있다. 1973년 석유위기 이후 유럽국가는 중동에 의존하는 구도를 바꾸기 위하여 여러 방안을 강구하였다. 프랑스는 에너지원으로서 석유와 석탄에의 의존도를 줄이기 위하여 원자력을 활용하기 시작하였다. 독일은 원자력에 대한 거부감이 있었지만 30% 정도를 원자력으로 사용하고, 1980년대부터 러시아로부터 가스관을 통한 천연가스 도입을 추진하였다.

대부분 유럽국가는 적대진영인 소련으로부터 가스를 수입하기 시작하였고 이탈리아가 그 선봉에 섰다. 그러나 러시아에서 집중적으로 도입할 때의 불안감을 인식하여 독일은 러시아 도입 가스 규모를 30%로 제한하는 조치를 취하였다. 이러한 조치에도 불구하고 유럽국가의 러시아 의존도는 줄어들지 않는다. 독일은 러시아의 가스 의존도를 줄이려는 노력에도 불구하고 그 의존도가 최근 42%에 이르렀으며 프랑스, 이탈리아 등도 30%를 상회하고 있다. 동유럽과 핀란드는 의존도가 거의

100%에 이르고 있다.

　시간이 갈수록 경각심은 희석되고, 실제 가스 도입이 예정대로 이루어지지 않을 경우 많은 사회적 혼란이 가중되는 상황이다. 가스관을 통한 가스 도입에 문제가 있다고 하여 배를 이용한 액화가스(LNG)로 들여오는 방법도 있지만, 시설비용이 매우 비싸다. 또한, 액화가스는 통상 수출국과 수입국 간의 상호 중·장기 계약을 통하여 도입한다. 따라서 가스관을 통한 수송에 문제가 생겼다고 하여 액화가스로 갑자기 들여올 수도 없기 때문에 유럽국가의 러시아 가스 의존도를 줄이려는 노력도 어려움이 있다.

　러시아는 가스 생산 1위 국가(27~28%)며 멀찌감치 이란(15%), 카타르(14%)가 뒤따르고 있다. 그러나 러시아에 석유와 가스가 많다고 하여 수출선이 자연히 확보되는 한가로운 일이 아니다. 내륙국으로서 에너지를 생산하는 아제르바이잔·카자흐스탄·투르크메니스탄과 경쟁해야 하고, 러시아의 가스가 통관되는 우크라이나·벨라루스·그루지야도 의식해야 하며, 에너지를 수입하는 유럽국가와도 좋은 관계를 유지해야 하는 등 경쟁·갈등·협력을 적절히 관리해야 한다.

　우크라이나·벨라루스·그루지아는 소련시절 같은 자치 공화국으로 투르크메니스탄 등 다른 자치 공화국에서 생산되는 가스를 아주 저렴하게 공급받았다. 그러나 이들 국가가 독립국으로 된 이후 러시아는 구 소련연방국에게도 가스 등 에너지를 수출하면서 시장가격으로 지불할 것을 요구하여 서로 긴장 관계가 되었다. 러시아의 가격 인상 요청에 대하여 독립한 국가들은 가스관의 자국 통과비용을 러시아에 부과하는 대응조치를 취하였다.

에너지를 생산하는 중앙아시아 국가의 경우 내륙에 둘러싸여 있다 보니 그동안 러시아가 결정하는 가격을 수용하는 방안밖에 없었으나, 최근에는 중국 등 주변의 에너지 수요국가를 자체적으로 개발하고 있다. 카자흐스탄이나 투르크메니스탄은 에너지 수출에 적극적으로 되면서 서구 국가의 새로운 가스관 경로, 즉 러시아를 통과하지 않는 경로에 관심을 가지게 되었다. 특히 카자흐스탄은 러시아를 통한 기존 송유관(카자흐-러시아-흑해)뿐만 아니라 서방국가가 제안한 지중해선(바쿠-트빌리시-터키-지중해)에 대하여도 관심을 가지게 되었다. 투르크메니스탄 · 아제르바이잔 · 카자흐스탄 역시 러시아를 거치지 않고 터키-카스피 해를 통하거나 또는 동유럽 남부를 통하여 석유와 가스를 유럽에 보급하는 방안을 검토하고, 카자흐스탄은 중국으로 송유관을 이미 매설하여 원유를 보급하고 있다. 러시아는 카스피 해를 둘러싼 국가들의 유통을 거의 독점하다시피 하였으나 최근 이들 국가들이 러시아를 우회하고자 하여 위기감을 느끼고 있다. 러시아 역시 서부 유럽에의 공급선을 우크라이나 등을 통한 기존의 노선뿐만 아니라 북해를 통하여 직접 독일에 가스를 공급하는 가스관 건설도 추진하고 있다.

서방국가들도 러시아에 대한 가스 의존도를 줄이기 위하여 카스피 해를 통하여 중앙아시아에서 바쿠로 가스관을 매설하는 방안을 강구하기도 하였다. 유럽국가는 현재의 범 코카스 송유관 행로(바쿠-트빌리시-터키-지중해)와 비슷한 경로로 가스관을 매설하여 러시아에 에너지를 의존하는 구도를 벗어나고자 한다. 그 대표적인 예가 중앙아시아의 가스를 유럽으로 운반하는 나부코(NABUCCCO) 프로그램으로 헝가리-루마니아-터키-불가리아-오스트리아로 이동하는 경로를 구상하고 있다. 터키는 자국의 이해를 위하여 이란 또는 투르크메니스탄-터키-유럽 방안을 제시하고 있다. 최근 건설된 송유관인 아제르바이잔(바쿠)-그루지야(트빌리시)-터키(Ceyhan)를 통하여 지중해로 연결되는 선과 평행으로 가스관을 건설하는 안을 구상하였으나 과연 경제적인가 하는 문제가 있다.

푸틴 대통령은 투르크메니스탄에 대해서는 좋은 조건으로 회유하고, 그루지야에 대해서는 반대세력을 지원하는 방식으로 유럽의 구상에 압력을 가하기도 하였다. 러시아 국영가스회사인 가즈프롬 사는 헝가리를 부추겨 유럽국가나 터키의 구상이 성사되지 않도록 하면서 러시아 남부를 관통하는 가스관이 헝가리를 통과하도록 하는 방안을 제시하였다. 러시아는 또한 북해를 통하여 독일로 에너지를 수송하는 방안(North Stream)을 제시하였는데 이는 중앙아시아를 견제하는 동시에 중동, 수에즈 또는 페르시아 만에서의 정치적인 불안에 대응하여 수출선을 확대하는 방안이다. 이에 대하여 우크라이나 · 벨라루스 · 폴란드는 러시아로부터 에너지 의존도를 줄이고자 하면서도 러시아가 독일에 직접 가스를 수송할 경우(North Stream) 자국을 통관함으로써 생기는 통관료를 받기가 어렵고, 또한 발틱해의 오염도 우려하여 북해노선을 반대하는 입장이다.

유럽국가가 가스도입을 러시아에 의존하게 될 경우 한계도 있지만, 이로 인하여 원자력 의존도를 줄이는 장점도 있다. 이들 국가가 러시아의 에너지 도입을 중단하는 것은 예상하기가 어려우며 단지 그 비중을 낮추려고 노력한다. 그러나 유럽국가는 그동안 러시아의 행태를 볼 때 상호 정치적인 관계가 어려우면 가스공급을 중단할 가능성을 배제하기 어렵다는 점을 인식하고 있다.

카스피 해의 국제법적 지위에 대하여 국가 간의 이해가 첨예하게 대립되는 것 역시 에너지 자원 때문이다. 카스피 해의 관할권에 대한 이견으로 여기서 생산되는 자원수송 수단의 매설은 매우 어려운 상황이다. 특히 러시아는 카스피 해의 법적인 권한(the legal status of the Caspian Sea) 문제가 해결되기까지 가스관 매설에 대하여 반대하는 입장이다.

러시아의 송유관·가스관 외교는 유럽에만 한정된 것이 아니다. 러시아는 동아시아의 경제성장에 따라 사할린과 동시베리아의 코빅타 가스의 개발에도 심혈을 기울이고 있다. 러시아는 카스피 해 및 유럽에서의 영향력이 위협받고 있어 중국·한국·일본의 가스 수요에 대하여 많은 기대를 하고 있으며 어떠한 여건이 발생하더라도 에너지 공급에 대한 약속은 지키겠다는 입장을 표명하고 있다.

그럼에도 러시아는 가스수출국기구(OGEC) 설립을 주도적

으로 추진한 바 있고 국제가스 시장이 경색되면 내심 통제하려
는 전략을 가지고 있을 수 있다. 물론 가스는 석유와 달라서 가
스 수요처를 수시로 바꿀 수 있는 것이 아니다. 석유의 경우 현
물시장에서 팔 수 있고, OPEC 국가 간에 통제가 가능하지만
가스는 장기계약으로 이루어지기에 액화가스나 가스관을 통하
여 통제하기가 쉽지 않다. 이러한 이유로 석유는 국제가격이
전 세계적으로 균등하지만 가스는 미주, 유럽, 아시아 등 지역
별로 차이가 있다.

이와 같이 중앙아시아를 무대로 그리고 에너지 자원을 둘러
싸고 많은 국가가 서양장기 또는 포커 게임을 펼치고 있다. 한
쪽이 움직이면 다른 한 쪽이 대응하는 양상이다. 이러한 가운
데 최근 셰일가스와 셰일석유의 개발은 러시아의 영향력을 약
화시키고 유럽이나 동아시아 국가의 입지를 강화하는 상황으로
변하고 있다.

우리의 경우 3,500만 톤의 연간 가스수요를 대부분 중동(카
타르, 오만)과 아시아(인니, 말련)에서 충당하여 왔으나 최근
미국으로부터 수입을 검토하고 있다. 셰일가스의 개발은 우리
에게 다행한 일이다. 2007년 당시 천연가스 가격이 상승추세
이었고, 가스가 부족했던 미국이 국제시장에서 가스를 도입하
기 위하여 미국 남부 항구에 액화가스 변환 시설을 건설하기도
하였다. 더욱이 러시아 등이 주도하여 가스수출국기구(OGEC)
를 만들었다면 우리는 석유뿐만 아니라 가스의 도입 과정에서
도 상당한 재정적 압박을 받았을 것이다.

다행스럽게도 미국이 수출을 검토할 정도로 많은 셰일가스가 개발되고 우리도 수입원을 다변화할 수 있어 수입국으로서 그만큼 여유를 갖게 되었다. 다른 한편 미국이 풍부한 가스를 통하여 석유화학제품의 원료인 에틸렌을 저렴하게 생산할 수 있게 되어 우리가 경쟁력을 가지고 있는 석유화학제품의 미국 및 대외 수출이 줄어들 가능성도 같이 생각해야 한다.

러시아로부터 가스관을 통하여 가스가 도입될 경우 중동에 의존하던 수입선이 중동, 미국, 러시아 등으로 다변화되면서 우리에게 도움이 될 수 있다. 그럼에도 중·장기 계약을 통하여 도입하는 자원인 만큼 러시아의 에너지원 공급에 대한 행태를 주시하고, 또한 카스피 해의 수출선 변화, 유럽국가의 수입 동향과 전 세계 가스구도를 동시에 보아야 한다. 러시아로부터 가스 도입은 안보적으로 필요하지만 동시에 국제흐름을 읽으면서 러시아와의 협상을 해 나갈 필요가 있다. 단순하게 보아서는 안 된다.

2. 중국의 해외투자와 주요국의 미국 진출동향

에너지를 향한 중국의 발걸음이 분주하다. 지속적인 성장을 위하여 엄청난 규모의 에너지를 확보하는 것이 중요한 과제가 되고 있기 때문이다. 5세대 지도자로 부상하던 시진핑 국가 부주석과 리커창 상무부총리가 해외 순방지로 에너지 자원국가를 방문하였을 정도로 에너지 확보는 중국의 경제성장에서 매우 중요하다. 두 지도자가 2013년 각각 주석과 총리로 취임한 이후에도 에너지 문제에 각별한 관심을 가질 것은 확실하다.

2009년 현재 중국은 석유를 제외한 모든 에너지를 미국보다 더 많이 사용하고 있으며, 전문가들은 멀지 않은 시점에 석유 수요도 미국을 능가할 것으로 보고 있다. 현재 미국의 석유수요가 일일 2,000만 배럴로 중국의 2배나 되지만, 중국의 차량 수요가 급증하고 있고 가스 수요는 2006년에 비하여 2010년에 2배로 늘었다.

중국이 확보하고자 하는 에너지원은 석탄을 제외하고 모두라고 보면 된다. 지역적으로도 가리지 않아 인권문제가 있는 남수단·적도기니·이란·예멘 등으로부터도 어김없이 에너지를 도입하고 있다. 이란으로부터의 원유와 가스의 도입도 중요하기 때문에 중국은 이란에 대한 국제적 경제제재에 참여하지 않는다. 중동, 아프리카 등에서의 중국 진출이 언론에 많이 보도되기 때문에 우리가 느끼기에는 중국 투자가 많을 것으로 예상한다. 그러나 중국의 투자 동향을 보면 2011년 기준으로 북미주에의 투자가 가장 많다.

중국은 북미주의 에너지에 예전부터 눈독을 들여왔다. 2005년 중국은 미국의 주요한 에너지 회사였던 유노캘(Unocal Corp.) 사를 매입하고자 하였으나 미국 국민과 의회의 반대로 무산된 바 있다. 이후 매입보다는 지분투자를 통하여 미국 시장 진출에 신중하게 접근하고 있다.

지역	금액
북미주	60 억 불
동북아 (중국 포함)	56 억 불
남미	48 억 불
아프리카	22 억 불
호주	18 억 불
유럽	12 억 불
카브리해	8.5 억 불
인도	1 억 불
중동	1200 만불
동남아시아	100 만불

자료: Wall Street Journal, 2012.3.6 자.

중국의 미국 투자가 증가하고 있는 것은 2008년 이후 금융 위기의 영향도 있다. 미국의 독립 에너지 회사들(체사피크 사, 데본 사 등)이 셰일석유 및 가스를 개발할 권리를 매입하는 과정에서 금융위기로 자금이 부족하였으며 이 상황에서 중국 기업이 이들 기업의 시추비용에 투자하기 시작하였다. 기업이 투자하게 되면 통상 직원파견(secondment)라는 조건이 들어가기 마련인데 중국 기업은 미국의 정치적인 반감을 의식하여 자사 직원의 파견도 하지 않는 조건도 감수하면서 들어갔다.

그러한 가운데 중국은 미국 회사들이 어디서, 어떻게 에너지를 채굴하는지, 채굴장소 부근에 어떻게 인프라를 구성하는지를 주시하면서 기술적인 노하우를 이전받는데 초점을 맞추고 있다. 중국은 침체된 세계 경제 상황이 선진국에 대한 절호의 투자기회로 보고 있다. 해외 투자를 확대하여 첨단 기술을 도입하고자 하는 기회로 활용하여 이러한 목적에 부응할 수 있는 가장 적절한 투자 지역으로 미국을 꼽고 있다.

이러한 경향은 비단 중국만이 아니다. 사우디아라비아도 미국의 셰일석유와 가스의 개발에 상당히 긴장하고 있다. 미국이 새로운 기술과 규모의 경제로 그동안 개발이 어려웠던 유정을 개발하면서 중동지역의 영향력이 위협을 받게 되자 사우디아라비아 정부 역시 연구개발과 기술투자를 하고 있다. 노르웨이도 미국의 셰일 유정을 매입하여 기술 개발을 하고 있으며, 이탈리아의 최대 석유사인 에니(Eni)의 회장은 이탈리아가 미국 에너지 프로젝트에 투자하는 것은 셰일가스 개발경험과 기술을 습득하기 위한 것이라고 할 정도이다.

우리도 최근 에너지 부문에서 해외투자를 확대하고 있지만, 그동안 중앙아시아, 중동 등에 많은 초점을 맞추어 왔다. 우리의 북미주 투자 규모는 2011년 말 현재 걸프 만의 유정에 약 11억 불 정도 투자한 것이 전부이다. 우리의 투자는 인력개발이니 기술력획보보다 기존 유정 또는 석유발굴이 유력시되는 지역에서 석유를 바로 끌어올려 단기간의 이해를 증진시키는데 초점을 맞추고 있다.

에너지 전문가들은 에너지 프로젝트 자체가 위험성을 내포하고 있는데 더하여 광구 확보에만 중점을 둔 위험성을 가중시킬 가능성이 있거나 최소한 중·장기적인 접근방법이 아니라고 평가하고 있다. 즉, 전문 인력양성이나 기술력확보가 없이 석유자원 자체만을 보고 투자할 경우 에너지의 자립도를 높이기가 어렵다고 본다.

이러한 점에서 에너지 자원의 해외투자 방향을 진지하게 검토해야 한다고 본다. 해외 자원의 확보를 위하여 개발도상국에 지속적인 투자를 해야 하지만 개발도상국 투자는 충분한 정보가 제공되고 있지 못하기 때문에 그만큼 위험도가 높은 것을 이해해야 한다. 그렇기 때문에 단독 투자보다는 최근 한국가스공사가 모잠비크에 미국의 아나다르코 사, 이태리의 에니 사와 공동 투자한 것처럼 기술력 있는 국제기업의 투자에 동승하는 것이 바람직하다.

비교적 안정적인 투자를 하고 기술력 및 정보를 확보하기 위해서 북미주 투자를 강화해야 한다. 다행스럽게도 북미주에 대한 관심이 증가하면서 캐나다, 서부 텍사스에의 투자에 관심을 기울이고 있으나 여전히 단기간의 이윤확보에 중점을 두고 있고, 인력개발에까지 신경을 쓰지 못하고 있는 점은 아쉽다.

3. 산유국의 현실을 본다

국제석유기업뿐만 아니라 석유를 생산하는 국가들에서 나타나고 있는 정치·경제적 상황이 실망스럽다. 산유국 가운데 미국·캐나다·호주·노르웨이·영국 등 선진국을 제외하고 대부분의 개발도상에 있는 산유국의 국민은 빈곤의 늪에서 벗어나고 있지 못하고 있다. 자원을 통한 국부가 국가발전이나 경제적인 풍요로움을 가져주기보다 내부 갈등과 분규만 조성하고 있어 자원의 저주(resource curse)라고 불린다. 더 많은 석유가 생산될수록 더 많은 빈부차를 유발하였고 오히려 자원이 거의 없는 한국·일본·독일과 같은 국가들이 성장하고 있다.

저개발 상태의 산유국은 스스로 원유를 생산할 능력이 부족하기 때문에 국제석유기업과 제휴하고 있다. 스크루지와 같이 이윤만을 추구하는 국제석유기업이 진득거리는 석유와 냄새나는 가스를 생산하여 푸른 주변 자연을 파괴하고 지구환경을 오염시키는 가운데 정작 산유국의 국민은 더욱 가난해지는 것이 저개발 산유국에 대한 인상이다. 무엇이 문제일까?

적도기니

적도기니는 웬만큼 지식이 없으면 세계 지도에서도 찾기가 쉽지 않은 국가이다. 석유가 발견되기 전까지 관심을 끌지 못했던 아프리카 서부 적도에 위치한 조그만 국가다. 코코아, 커피 등 농산품 수출이 대부분이었고 국가 전체가 빈곤하고 미래가 없다고 할 정도로 어려운 지역이며, 인구 68만 명의 나라다. 그러나 석유가 발견되면서 희망의 싹이 싹텄는데 실상은 다르게 전개되었다. 통계적으로는 1인당 소득이 2만 달러가 넘지만 국민의 피폐함은 가시지 않고 있다.

엑슨 모빌·핼리버튼·세브론·마라톤 등 미국의 대기업이

진출하여 일일 40만 배럴의 석유를 생산하고 있어 아프리카에
서는 나이지리아, 앙골라 다음으로 많은 석유를 생산하며, 1인
당 비율로는 아프리카에서 1위의 생산국이다. 중국도 적극 진
출하여 매년 25억 달러 규모의 석유를 수입하고 있다. 중앙아
시아 자원을 둘러싸고 19세기에는 영국과 러시아 제국이 서로
쟁탈하고자 하였고, 냉전기간에는 미국과 소련이 자원을 확보
하기 위한 경쟁을 한 적이 있다. 이제는 아프리카에서 중국과
서방 선진국 간에 서로 자원 쟁탈이 벌어지고 있다.

적도기니는 제2의 아랍에미리트가 될 수 있는 여건이었음에
도 석유로 거두어들인 국부가 국민에게 돌아가지 못하고 외국
으로 유출되어 국가 경제는 피폐한 상태이다.

나이지리아

서부 아프리카의 대국인 나이지리아는 내분과 부패의 대명
사로 떠오르고 있다. 석유가 발견되기 전에는 산업생산이 증가
하고 농업도 건실하게 발전하였다. 하지만 셸 석유사가 나이
지리아 삼각주에서 석유를 발견한 이후 오히려 종족 분열이 일
어나고 종족 간에 끊임없이 내전이 계속되면서 국가에 바람 잘
날이 없다.

세계 7위의 석유수출 대국이지만, 국민은 하루 2달러 미만으
로 생활하고 있고, 인구 5분의 1이 15세 이전에 사망할 정도로
의료혜택을 받지 못하고 있다. 80%의 석유수입이 1% 지도층
에 귀속될 정도로 부(富)의 편재가 심하여 석유가 생산되지 않

는 인근국가인 세네갈이 오히려 국민소득이 더 높다.

전형적인 네덜란드 병(Dutch Disease), 즉 석유소득이 유입되면서 현지화가 강세가 되어 수입물품 가격이 저렴해지고, 국내 산업이 몰락하는 과정을 밟았다. 이에 따라 노동자들은 힘든 농업에서 벗어나 도시로 몰려들었지만, 석유산업이 노동집약적인 산업이 아니어서 일자리 창출에는 한계를 나타내고 있다. 소위 19세기 영국의 산업혁명 과정에서 발생한 도시노동자들의 빈곤한 삶인 디킨슨 상황과 같다. 영국의 피폐했던 상황이 시기적으로 한 세기를 지나 지역적으로 대륙을 건너 아프리카에서 발생하고 있다. 석유생산지역에서의 생활도 개선되기보다 악화되고 주변 환경이 심하게 오염되면서 반군이 태동할 수 있는 여건이 조성되었다.

국제적으로 나이지리아 사태로 미국의 이미지도 크게 나빠졌는데, 이는 나이지리아 석유수출의 40%가 미국으로 향했기 때문이다. 석유와 함께 대규모 천연가스도 생산되었지만, 판매해도 비용을 건지지 못하기 때문에 태워버리고 있어 환경문제도 유발하고 있다. 통상 가스가 생산되면 소비자가 사용할 수 있도록 수송하거나 지하에 다시 묻거나 또는 태워버리는 방식이 있는데 가스의 55%를 연일 태우고 있어, 멀리서보면 로켓이 발사되는 것 같은 모습이다. 전 세계 가스배출의 20%가 나이지리아에서 추출되어 지구온난화를 재촉하는 이산화탄소, 메탄 그리고 산성비를 촉발하는 질소, 유황을 배출하고 있다.

나이지리아 시내 중심의 현대식 시설 맞은편에는 슬럼가가 형성되어 있어 사회적 갈등이 심하다. 석유수입을 배분하는데 있어 중앙정부와 에너지 회사 간에 5:5로 나누는데 중앙정부가 지방정부에 적정규모로 재배분하지 않고 부패가 만연하다보니 정부에 대한 불만이 국제석유기업과 미국에 대한 비난으로 옮겨가고 있다.

에콰도르

브라질과 아마존을 국경으로 하고 있는 에콰도르는 지구의 허파이다. 처음 미국계 에너지 회사가 진출하였을 때, 국민은 기대와 믿음으로 환영하였으나 아마존의 석유 생산지는 오염된 지역으로 변하였다. 국제석유기업이 첨단기술로 석유를 채굴하여 부를 창출하면서도 환경을 오염시키지 않을 것으로 생각하였지만 허망한 기대였다. 정부 역시 국가개발을 위하여 자본을 빌려 오면서 석유로 갚으려고 생각했지만, 유가가 하락하는 와중에 채무국으로 전락하여 헤어 나오지 못하고 있다.

일일 50만 배럴의 석유를 뽑아내기 위하여 무자비하게 벌목하고, 오염된 물을 아무런 처리 없이 방류하였으며, 석유와 같이 나온 천연가스를 태워버렸다. 예전에 문제없이 먹었던 물이 이제는 오염되었고, 전기를 생산하는 데 쓰이는 석유와 가스를 만들지만, 정작 대부분의 사람은 전기의 혜택을 받지 못하고 있다.

이라크

석유가 나면서 두려움이 더욱더 사회를 덮었다. 국제석유기업들은 유정의 채굴권을 확보하는 것에 우선순위를 두면서 독재정권과 손을 잡고 채굴하는 대가로 정권에 반대급부를 제공하였다. 석유가 생산됨에도 국민은 헐벗고 가난에서 벗어나지 못하게 되었다. 이에 따라 국민은 국제석유기업들이 환경, 고용 문제 등에 개의치 않고 이윤만 추구하는 포식자라는 인식을 가지게 되었다.

이 과정에서 사담 후세인은 중동의 맹주가 되겠다는 욕망이 강하였고, 특히 쿠웨이트가 이라크의 석유를 도굴하고 있다는 생각을 했다. 후세인은 1980년 이란과의 전쟁을 8년간 일으켰으며 당시 이란을 경계하던 미국의 지원도 받았다. 그는 1990년 전 세계 석유의 8%를 보유하고 있던 쿠웨이트를 군사적으로 점령하여 일시적으로나마 석유의 25%를 관할하게 되어 OPEC, 걸프 만 그리고 중동을 좌지우지하는 인물이 되었다.

서방국가들은 이라크의 쿠웨이트 점령을 인정하면 중동의 불안이 상존하게 되고, 이라크가 사우디아라비아도 침공할 가능성도 있다고 보았다. 특히 미국은 쿠웨이트 내에 미국에 우호적인 정부나 기업이 석유유정을 굴착하기를 원했고, 쿠웨이트로부터 생산되는 석유를 운송하는 기반시설을 확보하고자 하였다. 미국은 쿠웨이트를 포함하여 중동에서의 석유 및 항로 확보를 위하여 이라크의 쿠웨이트 철군을 위한 군사 조치를 주도하였다.

미국과 후세인 치하의 이라크가 대립관계를 보이던 당시에도 이라크는 가장 많은 석유를 미국에 수출하였다. 석유가 이라크와 미국 간의 분쟁 그리고 이라크 내에서 분쟁의 씨앗인 것이 틀림없다.

사우디아라비아

사우디아라비아의 석유는 캘리포니아 정유사인 Standard Oil of California(현재 세브론)가 주도하는 아람코에 의하여 개발되었다. 1950년대만 하더라도 미국은 석유를 수출하는 국가이었기에 석유수요가 많지 않았으나 1960년대 경제성장을 하면서 그 수요가 급증하여 1970년대에는 해외 수입의 3분의 1을 사우디아라비아에서 수입하였다.

1973년 중동전쟁을 계기로 OPEC이 석유수출을 통제하면서 유가가 급등하고 국제석유기업이 아닌 산유국들이 석유개발권을 관할하기 시작하였다. 그러나 발생한 석유수입은 국민의 부가 아니라 국왕 일가의 부가 되었다. 석유를 개발하기 전까지 가난했던 나라가 국제석유기업과 제휴하여 엄청난 부를 얻고, 또한 석유 개발권을 국유화한 이후 유가 상승으로 부가 축적되었지만 정작 국민은 이러한 축적된 부에서 소외되었다.

부가 창출되면서 많은 건설공사가 있었으나 대부분의 일은 외국 용역근로자들이 하였다. 사우디아라비아 내의 기술근로자나 교육을 받은 사람이 부족하고 인구의 3분의 1이 실업자일 정도이다. 석유가 전체적으로 부를 가져와 국가 산업에 투자되기보다 국민 개개인에게 분배되기는 하였으나 경쟁력 있는 국가를 만들지는 못하였다.

베네수엘라

베네수엘라는 지금도 환상과 신기루에 쌓여 있다. 20세기 내내 다섯째 안에 손꼽히는 석유 생산국이지만 늘 가난하기만 하였다. 한때 최고 350만 배럴을 생산하기도 하였으나, 현재 낙후된 장비로 200만 배럴 정도만을 생산하고 있다. 세계 7위의 산유국이지만 2,600만 국민은 매우 가난하다.

베네수엘라는 미국과 으르렁대면서도 생산되는 석유의 3분의 2를 미국으로 수출하고 있다. 전체 경제가 정부지출에 의존하고 정부지출은 석유수출에 의존하고 있다. 모래석유(tar sands)가 많이 부존되어 있으나 이를 석유로 전환하기 위해서 물, 천연가스 등이 필요하며 심각한 환경피해가 예상된다. 석유개발과정에서 선진국의 도움이 필요로 하나 이를 거절하고 있다.

가난하면서도 다른 중남미 국가에 싼 가격으로 석유를 공급하는 객기를 부리기도 한다. 차베스 정부가 국민들에게 빵을 주고는 있지만 석유산업 이외의 다른 산업을 육성하지 못하여 국가의 장래를 생각하면 바람직하지 않은 일이다. 오늘 빵을 주기는 하지만 문제는 내일 가난을 주고 있다는 점이다.

14장

현실적인 에너지 정책을 바라는 마음

1. 기존 에너지에 의존하고 있는 현실

경제성장을 위하여 에너지를 지속적으로 공급(affordable energy)하면서 어떻게 하면 환경적인 피해를 유발하지 않는 방향으로(environmental sustainability) 나아갈 수 있을까?

선진국의 에너지 수요가 조금씩 줄어들지만 전력수요는 계속 증가할 전망이다. 현재 선진국에서 급속히 확대되는 부문이 정보 · 통신 산업이고, 이제 스마트 폰으로 많은 것을 처리할 수 있게 되었다. 이 산업을 더욱 확장시키기 위해서는 엄청난 전력이 필요하다. 중국과 인도와 같은 개발도상국 역시 높은 성장을 기록하면서 전력이나 석유수요가 점차 증가하고 있다. 게다가 70억 인구 가운데 15억의 인구가 아직도 전력의 공급을 받지 못하고 있어 선진국과 개발도상국 할 것 없이 전력의 수요는 더욱 늘어날 것이다.

전력을 추가적으로 생산하여야 하지만 수력은 현재 가용한 최대 에너지를 생산하고 있어 여력이 없고, 석탄 공장은 환경

문제를 더욱 유발할 것이며, 풍력은 그 생산이 들쑥날쑥하고, 원자력은 후쿠시마 원전사고 이후 원자로 건설을 여러 나라가 주저하고 있다. 그러면 어디서 전력을 가져와야 할까? 비교적 안전한 공급처와 함께 친환경적인 천연가스에 의존할 수밖에 없다.

1950년과 비교하면 1인당 전력이나 휘발유 사용 비중이 크게 상승하였다. 미국만 해도 자동차가 2억 5,000만 대인데 전 세계적으로 자동차 숫자가 점차 늘어나고 있다. 그런데 증가하는 에너지 수요를 대부분 탄화수소로 뭉쳐진 석유, 석탄, 천연가스가 공급하고 있으며 가까운 시일 내에 대체에너지로 충당하기는 쉽지 않은 상황이다. 나노 기술을 이용한 태양력 에너지를 생산하고, 차의 내연기관을 수소 연료 전지로 대체하기까지 앞으로 상당기간 기존 에너지원에 의존할 가능성이 높다. 그럼에도 에너지원 생산을 증대하려는 노력은 님비 현상(주변에 에너지 시설이 건설되는 것을 반대하는 경향)으로 더욱 어렵게 되고 있다.

환경론자들은 이산화탄소가 없는 재생에너지원을 사용해야 한다고 주장하지만 그러기 위해서는 기술 개발을 위한 상당한 투자가 오랫동안 진행되어야 한다. 이를 위한 국민적 지지가 필요한데 말로만 하는 지지가 아니라 유럽국가에서 추진되는 것과 같이 탄소세와 같은 높은 세금을 부담할 준비가 되어 있어야 한다. 에너지 구도를 바꾸고 환경 영향을 고려하는 것은 중요하지만 다른 한편 경제의 지속적인 성장을 위해서는 어떤 형태로든 에너지가 필요하다. 에너지 수요를 줄이자고 하거나, 해외 에너지 수입을 줄여 에너지 자립을 이루자고 하는 것은 점차 구호가 되어 버리고 있으며 기존 에너지의 비중이 줄어들기 어려운 구조로 가고 있다.

2. 에너지 자립의 허와 실, 그리고 미흡한 에너지 정책

에너지 자립은 선언으로 이루어지는 것이 아니라 효과적인 정책이나 기술개발로 이루어져야 한다. 효과적인 정책은 무엇인가? 환경론자는 대체에너지의 개발과 활용을 주장한다. 그러나 에너지 업계는 기술적으로나 환경적으로 수용 가능한 연안해, 육상의 시추를 증대하고 에너지 효율성을 올리며, 대체에너지 생산을 증대하여 우선 수입규모를 줄여야 한다는 입장이다.

미국의 예를 보면, 1973년 OPEC에서 석유 엠바고 조치가 발표된 이후 닉슨 대통령은 에너지 자립을 선언하였으며 이후 여러 대통령이 자립을 위한 행정적인 조치를 취하였다. 행정부의 이러한 조치에도 불구하고 미국은 1973년 석유수요의 3분의 1만을 수입하던 상황에서 2005년에는 3분의 2를 수입할 정도로 오히려 해외 석유에 더 많이 의존하게 되었다. 닉슨 대통령 이후 재임한 8명의 대통령마다 에너지 자립을 선언하였다. 오바마 대통령도 후보시절에 자신이 당선될 경우 2번째 임기를 마치는 해인 2016년에는 중동이나 베네수엘라로부터 석유 수입이 없을 것이라고 하였지만 누구도 이것이 가능하리라 생각하지 않는다. 에너지 자립을 이루지 못하면서 어느 나라나 정치지도자들은 선거 때만 되면 여전히 똑같은 주장을 하고 있다.

미국의 경우 에너지가 부족한 것이 아니라 에너지 정책이 미흡하다는 평가가 지배적이다. 석유가 고갈될 가능성이 계속 제기되면서 민주당이던 공화당이던 관계없이 중동에의 석유의존도를 줄이려는 여러 에너지 정책을 발표하였으나 오히려 석유의존도가 2005년까지 증가하였다.

그러나 미국은 최근 석유의 해외수입 비중이 감소하는 성과를 거두었는데 이는 정책성공 때문이 아니라 기술발전 때문이다. 석유수입 비중이 셰일석유의 개발로 1973년 60%에서 2010년 47%로 감소하였으며, 향후 이 비중은 점감될 것으로 예상하고 있다. 수입원 역시 정치적으로 안전한 지역으로 옮겨가고 있다. 2011년 기준으로 미국의 석유 수입은 일일 1,120만 배럴인데 주요 수입원은 캐나다(260만 배럴), 사우디아라비아(130만), 멕시코(120만), 베네수엘라(90만), 나이지리아(90만), 이라크 및 러시아(각각 60만) 순이다. 정치적으로 유동적이거나(사우디아라비아, 나이지리아, 이라크, 러시아), 미국과의 관계가 불편한 국가(베네수엘라)로부터의 수입이 430만 배럴로 전체의 38%를 차지하지만 앞으로는 캐나다, 브라질 등으로부터의 수입이 증대될 전망이다.

최근 어느 나라나 녹색, 청정, 신재생에너지를 추구하는데 바람직하기는 하지만 새로운 에너지만을 강조하는 경우 기존에너지의 공급을 위한 투자가 이루어지지 않을 가능성이 있다. 에너지를 뒷받침할 기간 시설에 대한 투자가 부진하면 시설이 낙후되고 향후 에너지 위기가 발생할 가능성이 높아진다. 청정에너지만을 추진할 경우 기존 에너지원의 소멸만을 가져오는 것이 아니라 경제 전체의 어려움을 가져 올 수 있다. 녹색에너지만을 고집할 것이 아니라 모든 에너지원을 다변화하는 것, 즉 석유, 석탄, 가스, 원자력, 재생에너지를 다양화하는 정책이 필요하다는 주장이 여러 군데에서 제기되고 있다. 우리 역시 유의해야 할 점이다.

3. 해양플랜트 산업에의 진출

국제 에너지 자문회사 등은 해저 석유와 가스 시추 및 생산이 증가할 것으로 전망하고 있다. 해저 자원을 개발하기 위해서는 필연적으로 해양플랜트 산업이 발전되어야 하기에 선진국과 중국은 이 산업에 몰리고 있다. 경제가 어려운 가운데도 기술적으로 채굴하기 쉬운 육상이 아니라 험난한 바다로 나가서까지 에너지원을 개발하는 이유가 무엇이며 해양플랜트 산업이 계속 성장할 것으로 보는 이유가 무엇일까?

일부에서는 지하 석유가 고갈되어 해저 자원을 채굴한다고 하지만 이는 국제에너지 흐름을 읽지 못하고 있는 반증이기도 하다. 석유자원이 유한하기는 하지만 가까운 시일 내에 석유 생산량이 줄어들 가능성은 거의 없다. 오히려 기술개발로 지하의 단단한 암반에 가두어져 있던 셰일 석유가 상당히 늘어나고 있다. 이에 따라 1960년대 이후 중동을 중심으로 석유자원이

개발되어 왔던 구도가 이제는 중동, 미주, 아프리카로 다변화
되는 추세이다.

지하 석유가 고갈되지 않았다고 하면서 왜 해저에 있는 석유
개발로 옮겨가는 것일까? 실제로 중동지역의 지하 석유 확인
매장량이 어느 지역보다도 많고 더 증가할 가능성이 있음에도
왜 생산하지 않는 것일까? 미주지역에서는 첨단기술로 탐사하
여 텍사스만 하여도 100만 차례 이상 굴착한 반면, 중동에서는
1972년 이전에 발견된 유정에서 여전히 석유를 뽑아내고 있고
굴착 횟수도 그다지 많지 않아 앞으로 새로운 유정이 발견될
가능성이 있다. 즉, 중동에서의 석유를 개발하고자 한다면 더
욱 이루어질 수 있음에도 그렇지 못한 상황이다.

그 이유는 유가의 변화와 함께 OPEC, 국제석유기업, 국영
석유기업 간의 뒤엉킨 힘겨루기 상황 때문이다. 최근 세계경제
가 어려움을 겪고 있어 유가가 주춤하겠지만 크게 하락할 가능
성이 높지는 않다. 이는 무엇보다 석유를 가장 많이 수출하는
중동의 정치적인 불안정이 당분간 지속될 전망이어서 안정적
인 석유공급을 확신하지 못하기 때문이다. 또한, 개발도상국의
경제성장에 따라 에너지원의 수요가 증가하고 2010년 70억을
돌파한 인구가 2030년에는 83억으로 증가할 것으로 예상되어
석유수요가 여전히 높을 것으로 보기 때문이다. 즉, 중동에서의
공급에 대한 불확실성과 개발도상국의 수요 증가로 현재의 높
은 유가가 앞으로도 지속될 가능성이 있다고 전문가들은 보고
있다.

이러한 전망과 국제에너지 수급의 변화를 활용하여 국제석유기업들은 석유시장에서의 그 영향력을 확대하고자 하고 있다. 국제석유기업들은 20세기 초반 이후 1970년대 석유위기 발생이전까지 산유국의 매장량과 물동량을 거의 과점적으로 관할한 바 있다. 그 당시 7자매라고 불리는 국제석유기업들이 석유자원의 80% 이상을 좌지우지하였다. 그러나 1960년대 이후 산유국의 자원 국유화 조치로서 산유국 국영기업이 에너지 자원을 직접 관리하게 됨으로서 국제석유기업들이 운용하는 석유자원은 현재 매장량의 8%, 물동량의 30%에 불과하다. 중동 산유국이나 OPEC에 의한 석유물동량 조절로 국제석유기업들의 역할이 최근에는 제한적이었다. 산유국의 석유 매장량이 많고 이들 국가의 지하에서 채굴하는 것이 더욱 경제적이지만 산유국이나 OPEC이 물동량을 관리하고 외국 기업의 진출을 제한하고 있어 국제석유기업들은 다른 곳에서 출구를 찾고자 하였다.

또한, 석유·석탄이 뿜어내는 이산화탄소로 인하여 세계기후환경의 온난화에 대한 우려가 급속히 증가되고 이에 따라 신재생에너지에 대한 기대가 높다. 그러나 기술, 가격 면에서 신재생에너지가 아직은 기존 에너지원을 대체하기는 어려워 오히려 천연가스에 대한 수요가 증가하였다. 국제석유기업들은 산유국이 가지지 못한 첨단의 탐사, 채굴, 생산기술을 가지고 있는 장점을 활용하고 가스에 대한 수요 증가를 감안하여 2008년 이후 유가가 급등하는 계기에 산유국에서가 아니라 그동안 개발되지 못하였던 심해저, 극지, 지하의 단단한 암반에 갇힌 석유와 가스를 채굴하는 방향으로 나아갔다. 이에 따라 브라질 해안, 프랑스령 가이아나 해안, 모잠비크 해안, 나이지리아 서부 해안, 이스라엘 해안 등 해저에서의 석유와 가스 개발이 급증하고 있다.

이러한 변화는 해양플랜트 산업에 미치는 영향이 크다. 높은 유가가 지속될 전망이고 천연가스의 유용성이 높아지고 있어 국제석유기업들은 중동 산유국에서보다 심해저에 묻힌 자원을 계속 개발하고자 하며 이에 따라 해양플랜트 산업이 앞으로도 성장할 것으로 평가된다. 높은 유가는 우리 경제에 어려움을 주지만 해양플랜트 산업에는 오히려 밝은 전망을 주고 있으며 선진국과 중국은 이러한 변화를 읽고 해양플랜트 산업에 적극 뛰어들고 있다.

이 산업에서 우리의 현재 상황은 어떠한가? 국제 경쟁에서 우리 조선기업은 해양플랜트 건조부문에서 절대적인 우위에 있으며 환경요인을 감안한 건조기술을 계속 개발하고 있어 앞으로도 경쟁력을 유지할 가능성이 높다. 휴스턴에서 감지한 것은 우리 조선기업의 해양플랜트 건조에 대한 국제적인 신뢰도가 높아 이의 여파로 한국 제품 전체 브랜드에 대한 믿음 역시 높이지고 있음을 느낄 수 있었다. 그러니 다른 한편 주요 선진국들이 우리 기업의 해양플랜트 건조부문에서의 경쟁성을 인정하는 대신 서비스 부문의 진출에 대하여는 경계하고 있다. 또한, 중국이 우리가 강한 해양플랜트 건조 기술을 급속히 따라오고 있어 정신을 바짝 차려야 한다는 생각이다.

해양플랜트 부문에서도 부족한 점이 없는 것이 아니다. 먼저 건조부문에서 대기업의 활약을 제외하고 우리의 에너지 정보력과 전문 기술인력 수준은 그다지 높지 않다. 2009년 5월, 세계의 가장 큰 해양플랜트 박람회(OTC : Offshore Technology Conference)에 세계 각국에서 해양플랜트 기업인 7~8만 명이 참여하였지만 우리 기업인은 해양플랜트를 건조하는 대기업의 전문가 수십 명에 불과하였다. 해양플랜트 동향과 제품의 발전을 파악하고 우리 제품을 소개하는 박람회에 우리는 그동안 존재가 없었다고 하여도 과언이 아니었다. 미국·영국·프랑스·브라질·노르웨이 등 에너지 강국뿐만 아니라 중국도 해양플랜트 산업에 몰려올 때 우리 기업은 거의 없었다. 그나마 지난 3년간 국제흐름의 변화를 적극 알린 결과 우리 인사의 참여가 크게 증가하고 있는 것은 다행이다.

건조부문에서도 경쟁력이 있다고 하지만 부가가치가 높은 해양플랜트 서비스 부문에서는 거의 진출하고 있지 못하고 있는 점을 어떻게 타개할 것인가를 숙고하여야 한다. 또한, 건조부문에서 우리가 강하다는 것은 대기업에 국한되어 있는 점도 생각해 볼 문제이다.

에너지 기업인과 전문가들은 해양플랜트 부문만 하여도 수만 부품이 필요하다고 설명한다. 아울러 해저에서의 시추, 생산에 필요한 제품은 육상에서보다 더욱 견고하고 안전하여야 한다. 2010년 멕시코 만 유정폭발사고를 겪은 국제석유기업은 심해저에 들어갈 제품을 선정하는데 아무래도 보수적일 수밖에 없어 성능이 인정된 우리 대기업 이외의 한국 제품을 쓰는 것에 소극적인 측면이 있다.

이러한 제약요인으로 인하여 좋은 제품을 가진 우리 중소기업이라도 직접 참여하기보다 대기업과의 협력에 한정하는 경향이 있다. 그러나 이제는 보다 적극적이어야 한다. 우리는 향후 방향으로 대기업 위주의 해양플랜트 사업, 그 가운데도 부가가치가 높은 서비스 진출에만 초점을 두고 있으나 다른 한편 기술력 있는 중소기업이 이 부문에 진출하여야 한다. 실제로 에너지 선진국의 경우 대기업과 중소기업의 상호 다른 역할을 하면서 진출하고 있다. 휴스턴 지역에 진출하고 있는 영국·독일·프랑스·노르웨이 등 기업 대부분은 기술력 있는 중소기업이다. 이들 중소기업은 자국 기업에만 납품하는 것이 아니라 모든 국제석유기업과 국영기업을 대상으로 수출하고 있고 이를 위하여 국제 해양플랜트 박람회에 적극 참여하여 자신의 제품을 소개하고 있다.

기술력이 있다면 우리 중소기업들이 대기업의 협력업체로만 해양플랜트 사업에 진출하고자 국한할 필요가 없다. 경쟁력 있는 제품을 가지고 국제적인 기업에 직접 납품할 수 있도록 노력하여야 한다. 우리는 해외진출에 있어 대기업과 대기업이 요구하는 제품을 생산하는 협력업체가 동반 진출하는 일본식 모델을 여전히 유지하고 있다. 그러나 해양플랜트 부문에서 한국에 대한 신뢰가 높아지고 있어 우리 중소기업들이 협력업체로서 뿐만 아니라 자체적인 브랜드로 진출할 수 있는 여지가 충분히 있다. 선진국의 중소기업들은 실제 자신의 브랜드로 해양 플랜트 시장에 적극적으로 진출하고 있어 우리 중소기업도 이 러한 방향으로 바꾸어야 한다.

에너지 전문가들은 세계 경제가 어려움에도 유가의 상승과 국제석유기업의 해양 진출로 해양플랜트 산업이 성장할 가능성 이 있다고 전망하고 있다. 이러한 에너지 흐름의 변화를 인식 하는 가운데 대기업은 해양플랜트 서비스 분야로의 진출을 도 모하고, 기술력 있는 중소기업은 해양플랜트 제조 산업에 진출 할 수 있도록 노력해야 한다. 우리의 해양플랜트 산업을 육성하 고 정책방향을 설정하기 위하여 국제시장에서의 에너지 변화와 그 흐름을 지속적으로 그리고 정확히 읽는 것이 전제조건이다.

15장

에너지원을 향한 다양한 노력

1. 기술 개발

인류의 발전은 기술의 개발과 함께 이루어지고 있는데 에너지 분야 역시 예외가 아니다. 내연 엔진의 발명으로 수송혁명이 일어났으며 제트 엔진의 개발로 세계가 하나가 되었다. 최근 땅속 깊숙이 숨어있던 셰일석유와 가스를 수압파쇄방식으로 끄집어내면서 가스 수입국이 불과 몇 년 만에 수출국으로 변모하고 있다. 셰일가스의 채굴로 에너지 구도가 변하고 있고 심해저 석유 개발의 가능성을 생각할 때 기술 개발이 얼마나 중요한지 느끼게 된다.

이러한 연장선상에서 에너지 기술을 개발하여 내연엔진 대신 수소 연료전지나 배터리를 장착하여 운송수단을 활용하고, 탄소집적 장치가 되어 있는 가운데 석탄을 이용한 발전시설을 사용하여 전력을 생산하며, 원자력·풍력·태양력도 활용하도록 하여 이산화탄소 배출이 없도록 하는 것을 상상해 본다. 상상이 아니라 현실화하기 위해서는 상당한 기술 개발을 위한 투자를 해야 하며 무수한 실패 가능성도 염두에 두어야 한다. 지금 우리가 배터리 기술의 혁명적인 변화를 위하여 도전하고 있다. 여전히 어려움이 있지만, 반드시 커다란 변혁을 일구어 내리라는 신념으로 도전해야 한다.

2. 이산화탄소의 재활용과 연비의 효율화

지구온난화의 주범으로 지목받고 있는 이산화탄소의 발생을 근본적으로 줄이기 위하여 여러 노력을 하고 있다. 재생에너지를 활용하게 되면 이산화탄소가 발생하지 않게 되어 바람직하기는 하나 아직은 경제성 있는 재생에너지를 개발하고 있지 못한 단계이다. 화석에너지를 이용하여 생긴 이산화탄소를 채집하여 묻어버리는 것을 생각해 볼 수 있지만, 일부 텍사스 벤처기업들은 천덕꾸러기인 이산화탄소를 활용하는 방법을 찾고 있다. 셰일가스나 석유를 뽑아내기 위해서 물·모래·화학물질을 주입하여 압력을 주어야 하는데 이러한 물질 대신에 이산화탄소를 집어넣는 방안을 모색하고 있다. 셰일 암에 이산화탄소를 집어넣어 틈을 만들 경우 환경피해를 줄이고, 석유·가스를 추출하여 경제적인 효과를 거두며, 석유와 가스가 나온 공간을 이산화탄소가 메우는 일석 삼조의 효과를 거둘 수 있을 것으로 보고 있다.

에너지 효율성을 증가시키는 것 역시 이산화탄소 배출을 감소시키는 방안이다. 미국은 연비를 현재 갤런당 평균 27.5마일에서 54.5마일로 향상시켜 상당 규모의 이산화탄소 배출을 줄이고자 하는데, 우리 역시 이러한 노력이 필요하다.

3. 기체 쓰레기 처리

북경에 방문하였을 때, 불과 몇십 미터 앞을 볼 수 없는 현실을 경험하며 아무리 에너지가 중요하더라도 환경문제를 생각하지 않을 수 없었다. 우리나라에서는 이미 도시에서 별을 볼 수 없게 되었다. 그만큼 매연은 하늘의 기체 쓰레기가 되었다. 식사 후 남는 고체 쓰레기, 흐르는 액체 쓰레기는 관심을 가지고 처리하지만 공기에 떠도는 기체 쓰레기는 보이지 않아서인지 그 대책이 아직 미약하다. 기후온난화, 기후변화, 북극 얼음의 용해 등 여러 용어로 문제를 제기하지만 궁극적으로 기체 쓰레기를 어떻게 처리할 것인가의 문제로 귀착된다.

기체 쓰레기를 어떻게 처리할 것인가? 이산화탄소 배출 상한 규모를 정하고 배출권한을 거래하는 탄소배출권 거래 방식과 기체 쓰레기 자체에 세금을 부과하는 방식, 배출억제 시설을 설치한 기업에 세금혜택을 주는 방식 등이 있다. 미국 정부는 탄소배출권 거래 방식에 따라 1990년을 기준으로 하여 이산화탄소 배출당을 2020년까지 17%, 2050년까지 83%를 감축하는 방안을 추진하고자 하였으나 반대 여론도 만만치 않다. 세계 인구의 3분의 1을 차지하는 중국과 인도는 2011년 현재 이산화탄소의 4분의 1을 배출하고 있을 뿐만 아니라 배출규모가 급증하는 추세를 보이고 있다. 그러나 개발도상국은 경제성장에 우선순위를 두고 있어 이산화탄소 감축에 대하여 전향적인 입장을 기대하기는 어렵다. 기체 쓰레기 해결을 위한 뚜렷한 방안이 없다는 것이 고민이다.

4. 되새기는 미국의 교훈

에너지 가격이 오를 때마다 에너지 안보나 가용한 자원 확보에 대하여 걱정하는 목소리가 높다가도 가격이 안정되면 어느새 사라져 버린다. 기후변화와 기후온난화에 대한 우려와 이산화탄소 배출을 규제하자는 목소리가 얼마나 높았던가? 미국은 석유기업의 국내생산을 줄이도록 하고, 석탄을 이용한 발전소 건설을 중단시켰으며, 원자력 발전소의 건설을 수십 년간 동결하여 환경의 개선 효과가 있었다.

그러나 다른 한편, 노후화된 에너지 운송 인프라를 개선하지 않은 채 여전히 운용하고 있어 문제도 발생하고 있다. 미국은 1930년대부터 1970년대까지 인프라 투자, 발전소 건설, 자원개발로 에너지 부문에서 가장 경쟁력 있었으나 이제는 그렇지 못하다. 해외에서 도입하던 에너지원도 중국 등의 부상으로 점차 경쟁이 높아질 터이고, 캐나다에서의 화석에너지 도입도 반대가 심하다. 탄소규제법, 국내자원개발의 제한, 셰일가스 개발에 대한 규제, 원자로 및 사용 후 핵연료 통제, 석탄 개발 문제 등으로 기업의 에너지원 공급에도 한계가 있다.

신재생에너지 개발을 위한 노력이 가속화되어야 하나 이를 위한 보조금 지급이 확대되어야 하기에 에너지 가격의 상승이

불가피하다. 신재생에너지가 차세대 에너지원으로 부상할 것이
라는 성급한 기대로 화석에너지원이나 원자력을 등한시하여 실
용적인 정책으로 이어지지 못할 가능성이 있다. 물론 신재생에
너지가 바람직하기는 하다. 그러나 그보다 에너지원이 가용해
야 하고 실제로 적정한 가격으로 공급할 수 있어야 한다. 정치
인들이 이기고, 국가가 지는 구도로 변하고 있다.

탄소배출로 기존 석탄 발전소는 폐쇄하고, 외딴곳에 태양광
과 풍력 농장을 세웠는데 송전선이 아직 설치되고 있지 못하
다. 공급처와 수요처와의 연결이 안 되는 것이다. 전력을 가장 원하
는 곳으로 꾸준하게 비싸지 않게 공급해야 하는데 그렇지 못하다.

미국은 탄소를 배출하지 않는 에너지원으로서 원자력을 적
극 활용하여 왔는데, 1979년 펜실베이니아 주의 3마일 섬(Three
Mile Island) 사고로 이제 원자로 건설이 어렵게 되었다. 현재
전력의 20%를 생산하는 104기의 기존 원자로는 평균 30년이
되어 향후 10년 이내에 재건하거나 현대화해야 한다. 2011년
일본 후쿠시마 지진으로 원자로 건설에 대한 여론이 부정적이
어서 소수의 원자로 이외의 대규모 추가 건설은 어렵게 되었다.

멕시코 만 석유유출 사고로 국내 석유생산에 더욱 규제가 가
해지고 있는 가운데 중국, 인도 등 국가기 해외석유를 상당 규
모로 수입하고 있어 전 세계의 경기침체에도 불구하고 높은 수
준의 유가가 그대로 유지되고 있다. 정유시설은 탄소 배출을
줄이기 위하여 정제과정이 더욱 엄격해지면서 휘발유, 디젤,
항공유 생산 역시 증대하는 것이 쉽지 않게 되었다.

이에 대응하여 에너지 효율을 높이고 신재생에너지 생산을 늘리며 기술 개발을 통해 배터리를 이용한 전기 자동차를 상용화할 수 있어야 한다. 녹색 일자리가 늘어나고 환경이 더욱 개선되는 방향으로 나아가야 한다. 그러나 유의할 점은 환경친화적인 방향으로 전환하는 과정에서 반드시 에너지가 가용하고(availabilty), 실질적으로 공급할 수 있을 정도로 효율적인가를(affordability) 확인해야 한다.

이를 위하여 단계적인 에너지 전략, 즉 10년 후, 25년 후, 50년 후의 일관적이고 포괄적인 전략을 짜야 한다. 현재의 에너지 구도 하에서 단기전략(10년)은 탄소배출을 어떻게 현실적으로 규제할 것인가를 고민해야 한다. 중기전략(25년)은 기술 발전이 이루어져 내연기관방식에서 배터리를 이용한 전기차와 수소연료전지를 활용할 수 있는 기간시설을 어떻게 구축할 것인가에 초점을 두도록 한다. 전기를 생산하는 에너지원도 화석에너지에서 저탄소 생산방식, 즉 재생에너지를 활용하여 물을 전기분해할 때 나오는 수소를 이용하는 방식을 구상해야 한다. 석유를 사용하되 줄여나가면서 바이오 퓨얼을 더욱 많이 사용하는 방식도 검토해 볼만 하다. 장기전략(50년)은 탄소 배출량이 대폭 줄어든 가운데 발전 및 수송에너지원을 공급할 수 있는 체제를 만들어 나가는 것이 바람직하다. 에너지 문제를 다루면서 정치적인 시간(political time)이 아니라 에너지 시간(energy time)에 따라 처리해 나가는 것이 좋은 방안이다. 과연 우리는 이러한 고민을 하고 있는가?

환경을 어떻게 다루어야 하나 ?

1. 뜨거워지는 지구

산업이 발전하면서 내놓은 기체 쓰레기인 온실가스가 담요 같이 지구막을 형성하여 햇빛이 지구 밖으로 나가지 못하게 하고 있다. 이 결과 지구가 뜨거워지고 있을 뿐만 아니라 온난화 속도가 빨라지고 있다. 물론 지구가 형성된 이후 자연적인 요인에 따라 빙하기나 온난기가 올 수 있으나 지금 일어나는 변화는 지구의 변화에 따른 것이 아니라 인류가 초래한 변화, 특히 화석연료의 사용으로 일어나는 변화이다.

지구가 뜨거워지면서 일어나는 기후 변화는 되돌릴 수 없을 뿐만 아니라(irreversable), 파국적인 결과(catastrophic)를 초래할 수 있다. 다만 이러한 변화가 100% 일어날 것인가를 확신할 수 없으나 일어날 가능성이 높아진다는 것이 과학자의 진단이다.

급격히 악화되고 있는 지구 환경을 개선하기 위하여 전 지구적인 노력을 지금부터라도 해야 한다. 가장 시급한 방안은 화석에너지 사용을 줄이는 것이다. 이를 위해서는 현재의 에너지 정책을 바꾸어야 한다. 그럼에도 현재 논의되는 것은 청정에너지를 생성하는 방법이 아니라 청정에너지로 바꾸는 것이 필요한가에 대한 것이어서 답답하다. 과학이 내놓은 과제를 해결하는 방법을 토의하는 것이 아니라 과연 과학적 사실의 진실 여부에 대하여 논의하고 있는 것이 안타깝다. 석유·석탄에 대한 의존도를 어떻게 줄일 수 있는가에 대해 진지하게 논의하여야 한다.

2. 대립하는 환경 처방

화석에너지원에 의한 이산화탄소 배출로 기후온난화가 진행되고 있다는 과학적 진단에는 일부 이견이 있으나 전반적으로 동의가 이루어지고 있다. 그러면 기후변화에 어떻게 대처할 것인가? 그 방안 중의 하나는 에너지 효율성을 증대하는 것이다. 건물, 차량, 공장 등의 에너지 효율성 기준을 높게 설정하게 되면 기술 개발을 통하여 효율성을 높여야 하기에 기술에 대한 국내수요가 증가하게 된다.

그러나 원천적인 문제, 기후변화를 어떻게 처방할 것인가에 대하여 국제적 합의를 도출하는 것은 매우 어렵다. 협상국가가 소수였을 경우 해법이 나올 법 하지만 지금과 같이 숫자가 늘어나면 타협점을 찾기란 매우 어렵다. 어느 학자에 의하면 나라 숫자가 늘어나면 늘어나는 수의 제곱만큼 타결가능성이 줄어든다고 한다.

우선 기후변화에 따른 비용을 산정하여 얼마만큼 어떤 방법으로 누가 부담하고 누구에게 지불해야 하는 것에 대하여 부유국과 빈곤국 간에 대립이 생긴다. 무엇보다 기체 쓰레기를 배출하는 당사국과 피해를 보는 당사국이 일치하지 않는 점이 있다. 산업혁명 이후 이산화탄소를 많이 배출한 국가들이 선진국이어서 이들이 현재의 환경오염에 대한 책임이 있다. 그러나 이들 선진국이 이제는 성장이나 빈곤탈출을 위하여 불가피하게 이산화탄소를 배출하는 개발도상국에게 이산화탄소 배출 제한을 요구하고 있어 정당하지 못하다는 주장이다. 즉, 지난 2세기 동안 제한 없이 이산화탄소를 배출하여 성장한 선진국과 급성장세를 보이고 있는 중국·브라질·인도 등 개발도상국 간에 이산화탄소 배출규제를 어떻게 할 것인가에 대한 이견이 있다. 유럽국가 내에서도 이탈리아·스페인 등 남부국가들과 폴란드·에스토니아 등 중부 국가들 간에 감축규모에 커다란 이견을 보이고 있다. 석유를 생산하는 중동국가군과 신재생에너지 개발에 적극적인 유럽국가 간에 이견이 있으며, 이산화탄소 총량을 규제하기 위한 제도적인 장치로 탄소배출권 거래제를 주장하는 그룹과 이산화탄소 배출 제품에 대하여 세금을 부과하여 가격을 통제하는 그룹 간에도 이견이 있다.

미국에 대한 국제사회의 비판적인 시각도 매우 강하다. 미국은 이산화탄소 배출이 유럽국가의 2배 이상이 되면서도 화석에너지를 운용하는 대기업의 영향으로 정부가 이를 통제하지 못하고 있다. 큰 차량과 큰 주택, 공공교통수단의 미비 등 생활방식의 개선이 없으며, 기후변화의 원인이 되는 이산화탄소 배출에 대한 과학적 근거에 대하여도 국민이 부정적인 시각을 보이고 있기도 하다. 또한, 여론조사보고서(Pew)에서는 오히려 중국, 인도, 한국 등의 국가는 국민의 70% 이상이 환경변화에 대응하여 에너지 구조를 변화시키는데 따른 비용을 부담할 용의가 있지만, 미국은 불과 38%만이 호응하고 있는 실정이다.

이러한 고리를 푸는 열쇠는 선진국에서 우선 에너지 효율성을 확대하고, 탄소가격을 인상하며, 기술 개발을 통하여 청정에너지원 가격을 낮추어 그 에너지원에 대한 수요를 증가시키는 것이다. 즉, 에너지 효율성 증대 → 청정에너지 수요 증가 → 청정에너지 기술 개발 → 청정에너지원 가격 하락 → 에너지 효율성 추가 증대 등의 선순환 과정을 밟아야 한다. 국내적으로는 탄소배출을 억제하거나 탄소에 대한 높은 가격을 매기고 에너지 효율성을 상당히 높여야 하나 정치인들은 그러한 조치를 취하고 있지 못하다. 이러한 가운데 어느 국가나 점차 도시화 경향이 심화되어 지구온난화가 확산되고 있다.

3. 새로운 방향 : 현실에 함몰되지 않되 현실에서 벗어나지 않게

유엔 정부 간 기후변화위원회(IPCC : Inter-governmental Panel on Climate Change)는 지구온도가 산업혁명 이전보다 2도 정도 오를 가능성을 경고하면서 이산화탄소 배출 억제를 강하게 권고하고 있다.

화석연료로 지구온난화 문제가 생긴 만큼 기술 개발을 통하여 신재생에너지원의 비중을 올릴 필요가 있다. 북해 유전에서 석유와 가스를 개발하는 노르웨이가 화석에너지에 의존하기보다 재생에너지 개발에 선도적인 역할을 하고 있는 것은 인상적이다. 노르웨이는 전력의 97%를 수력에서 공급하고 풍력을 이용하여 새로운 에너지원을 개발하고 있다. 유럽국가는 향후의 에너지원을 다양화하려는 노력을 선도하고 있으며, 그 가운데 독일은 원자력을 포기하면서 풍력 발전에 상당한 투자를 하고 있다.

그럼에도 화석에너지를 단기간에 대체하기가 어려운 점을 유의해야 한다. 신재생에너지로 에너지 수요에 대응하면 가장 바람직하지만 현실적으로는 중국, 인도 등 개도국의 발전과 인구증가를 고려할 때 쉽지 않은 과제이다. 즉, 화석에너지원 사용이 불가피하다면 화석 연료의 청정화를 위한 노력을 기울여야 한다. 그래서 화석에너지 가운데 이산화탄소 배출이 2분의 1 수준인 천연가스에 대한 비중을 올리는 것이 바람직하다.

화석에너지를 보다 적극적으로 활용하려는 노력도 주의 깊게 보아야 한다. 노르웨이는 북해 유정 석유를 생산하고 있음에도 국영석유사(Statoil)는 미국 북다코다 주의 셰일가스 개발에 투자하여 가스 비중을 높이는 노력하고, 또한 액화가스 사업을 확대하여 해저에서 끌어올리는 천연가스를 액화하여 바로 수출하는 방안도 시도하고 있다. 호주가 셸 사와 공동으로 바다에서 떠다니는 액화가스 플랜트를 건조하여 수출하는 방식을 최초로 시도하고 있는 것이 그 예이다.

4. 에너지 의존도를 줄이기 위하여

어느 나라라도 에너지 자립은 쉽지 않지만 효율적인 정책이 집행될 경우 그 의존도를 많이 줄일 수 있다. 석유를 전량 수입하고 있는 우리에게는 차량 연비 개선이 우선 중요하다. 아울러 전기자동차(EV)의 상용화를 위한 배터리 개발노력을 더욱 기울여야 한다. 이러한 노력이 성과를 거둘 경우 석유대신 가스를 사용할 수 있게 되어 상당한 규모의 석유소비를 줄일 수 있다.

유가 대비 열효율성을 고려할 때, 석유보다 유리한 가스를 더 확보하는 방안을 강구할 필요가 있다. 또한, 휘발유 대신 전기, 디젤, 압축천연가스, 액화천연가스, 플러그인 하이브리드 등 다양한 에너지원 사용 방안을 검토할 필요가 있다. 환경문제를 고려하여 석탄 비중을 줄이면서 가스 및 재생에너지의 비중을 늘려 나가되 원자력의 비중 증가 여부에 대해서는 정책적 고민을 해야 할 때이다.

되돌아 보는 에너지 문제

1. 기름 한 방울 생산 없이 휘황찬란하게 불빛을 밝히는 현실

흔히 남북한의 차이를 위성으로 찍은 밤의 사진 가운데 환하게 불 밝힌 한국과 깜깜한 북한으로 비교하곤 한다. 북한이 얼마나 낙후되었는가를 피부로 느끼게 된 것은 판문점을 넘어서 개성으로 가는 길의 모든 주변 산들이 민둥산인 것을 보았을 때이다. 국경도시인 중국의 단둥에서 밤에 압록강 철교를 바라보면, 단둥은 현대 시설들이 뿜어대는 불빛으로 휘황찬란하지만 북한의 신의주는 암흑천지이었다. 사진을 찍으면 불빛으로 점철된 단둥 쪽 철교가 중간지점인 신의주 쪽 철교에서 갑자기 뚝 끊어지고 다리가 끊긴 듯 불빛이 달려가다가 갑자기 멈추었다.

칠흑 같은 북한을 바라보면서, 밤에도 훤하게 불을 밝힌 가운데 24시간 대낮같이 영업하는 것을 자랑스럽게 생각했다. 밤에는 도로마다 환하게 가열등이 작열하고 있으며 식당, 술집, 노래방마다 휘황찬란한 네온사인 안내판이 번쩍거리고 있다. 우리는 이러한 모습을 가난한 나라에서 잘사는 나라로 변한 상징으로 생각하였다.

그러나 우리가 에너지를 얼마나 낭비하고 있는가를 알게 된 것은 에너지의 세계 수도라는 휴스턴에서였다. 휴스턴은 전 세계 에너지 기업이 총집결되어 있다. 세계 1위의 매출규모인 미국의 엑슨 모빌 사부터 석유 생산 및 보유 1위인 사우디아라비아의 아람코사 등 세계의 내로라하는 기업이 집결되어 있다. 시내 중심의 높은 빌딩은 에너지 회사의 소유라고 보아도 과언이 아니다. 이러한 휴스턴이라도 가로등이 드문드문 있어 밤에는 조심스럽게 운전할 수밖에 없다. 에너지를 낭비하고 있다고 지적되는 미국, 그 가운데서도 에너지의 중심지역인 휴스턴이 한국의 어느 도시와 비교하여도 에너지를 절감하고 있다고 한다면 우리의 경우는 얼마나 낭비하고 있을까 하는 생각이다.

2. 지나치다 할 정도로 에너지를 절약하는 유럽의 선진국

널리 읽혔던 『해리 포터』(*Harry Potter*) 소설에는 넓은 풀밭이 펼쳐지면서 멀리 떨어진 외딴 곳에 성채가 있는 정경이 나온다. 영국 외무부의 초청으로 참석한 세미나 장소가 런던에서 1시간여 떨어진 외딴곳이어서 양이 풀을 뜯고 태양이 뉘엿뉘엿 기우는 가운데 전원 풍경을 보면서 성채 내의 화로에서 구워 나오는 양고기를 먹었던 기억이 새롭다. 그러나 늘 마음 한구석에 자리 잡았던 것은 주차장에서 본 차종이었다. 영국만 하여도 북해 유전에서 상당한 양의 석유와 가스를 생산하고 세계 2위의 석유사인 BP를 자랑스러워 할 정도로 석유산업이 발전되어 있음에도 주차장에서 본 차의 반 정도가 소형 차량이었는데 우리는 중형차량이 대세다.

독일에서는 어떤가? 자동차가 독일의 기간산업임에도 자동차만큼 많은 것이 자전거이다. 베를린에서 운전하면 처음에는 자전거만큼 거추장스러운 것이 없었다. 도로마다 자전거 전용도로가 있고 이것이 큰 도로와 연결되는 곳에서는 차도로 진입하게 되는데 자전거가 우선이다. 그래서인지 자전거를 탄 사람들이 좌우를 살피지 않고 무턱대고 차도로 진입해 불쑥 나오는 자전거를 보고 깜짝깜짝 놀란 적이 한두 번이 아니었다. 차량만큼이나 많은 자전거가 엄연히 직장과 집을 오가는 중요한 교통수단이어서 에너지를 절약하는데 크게 이바지하고 있다.

파리를 방문하였을 때 의외의 이야기를 들으며 이것이 발상의 전환이고 에너지를 절약하는 방법이라는 생각이 들었다. 몇 년 만에 파리를 방문하고 보니 예전보다 시내가 더 복잡하고 차량의 진행도 더디었다. 그 이유를 알아보니 시장이 차도를 줄이고 인도를 늘렸다고 한다. 차를 가지고 시내를 가면 굼벵이같이 기어가고, 주차를 한다고 하면 상당한 요금을 낼 각오를 해야 한다. 그러나 걷고자 하면 주변이 다 역시기 숨 쉬는 장소이어서 지겹지 않다. 가로수는 인도 중간에 있어 낙엽이 떨어지더라도 환경미화원들이 거두기에 어렵지 않고 안전하다. 이러하다 보니 사람들은 시내 중심으로 차를 가지고 오기보다는 공공교통수단을 이용하고 시내에서 걷는 것을 즐긴다.

미국인들은 자기 나름대로 중형차를 쓰는 이유를 말한다. 뉴욕, 보스턴과 같이 대도시이면서 인구가 밀접 되어 있는 지역을 제외하면 주거지역이 회사와 40~50분 정도 떨어져 있는 한적한 지역이어서 안전을 생각하게 된다. 또한, 대중교통수단이 발전되어 있지 않아 차량이 생활의 중요한 필수품이다. 평균 4인 가족이 같이 움직이고 여행을 하기 위하여 중형차가 안성맞춤이며 에너지 면에서도 크게 낭비하는 것이 아니라는 주장이다. 그럼에도 미국의 1인당 에너지 사용이 세계 1위인 것을 보면 이러한 주장이 일부분일 뿐 흥청망청 사용한다는 선입견을 불식하는데 충분하지 않다는 생각이다.

이러한 상황에서 우리를 돌아보면 어느 도시마다 인구가 밀집되어 지하철, 시내버스로 움직이기에 불편함이 없다. 물론 인구가 많아 공공교통수단으로만 수송을 전담하기에는 한계가 있어 차량의 필요성을 부정하지는 않는다. 그럼에도 모두가 다 차를 가져야 하는지, 또한 가진다고 하여도 꼭 중형차이어야 하는지가 의문이다. 운전하다보면 소형차를 찾아보기는 어렵고 중형차가 대부분이다.

두타 타운이나 명동, 강남역, 홍대 앞을 지나면 휘황찬란한 불빛이 24시간 밝히고 있다. 어렵게 살던 시절에서 벗어나 중형차가 넘실거리고, 가는 곳마다 불을 밝히는 것을 보며 경제성장의 산물이고 부의 상징으로 생각하게 된다. 그러나 에너지에 대한 인식이 부족하다는 생각을 지울 수 없다.

3. 비싼 석유가격, 넘치는 중형차량, 에너지 소비를 향하여

유가가 배럴당 100불 수준을 상회하면서 국내의 휘발유 가격도 뛰고 있다. 2010년 9월을 기준으로 하여 국제 가격을 비교하면 우리의 휘발유 가격은 리터당 1,750원 수준(1.51불)이다. 150여 개국의 휘발유 가격을 보면 예상한 대로 산유국이 저렴하고 우리를 포함하여 비산유국이 대체로 비싸다. 우루과이가 1.95불로 가장 비싸고, 투르크메니스탄이 3센트로 가장 싼데 이 격차는 무려 65배나 된다. 대부분의 서유럽국가들은 높은 세금으로 비싼 반면 중동, 러시아 및 중앙아시아, 아프리카 지역의 산유국이 매우 싸다. 영국(리터당 1.92불), 브라질(1.51불)은 산유국이고 프랑스(1.62불), 이탈리아(1.59불)는 에너지 기업 강국임에도 불구하고 국내 유가가 비싼 것에 주목하게 된다. 우리와 비슷한 가격 수준인 국가는 벨지움(1.57불), 스웨덴(1.54불), 브라질(1.51불), 독일(1.49불) 등이다. 우리는 세계 17위 수준으로 비싼 그룹에 속하지만 선진국과 비교할 때 비산유국으로서 결코 높다고만 할 수 없다.

석유 의존도를 줄이는 첫 걸음은 에너지를 절약하거나 효율성을 올리는 것으로부터 시작해야 하다 석유로 인한 불확실성을 줄이기 시작한 것은 1973년 에너지 위기로부터이다. 지난 40여 년간 노력의 결과 일본은 에너지의 효율성을 올리고, 독일은 재생에너지 수준을 높였으며, 프랑스는 원자력에너지를 개발하여 그 자립도를 높이고 있다. 선진국 대부분은 아침

일찍부터 일을 시작하여 저녁 6시면 대부분 일을 마쳐 사무실의 에너지 손실이 크지 않다. 여름이 되면 일광시간 절약제도(summer-time)를 도입하여 더욱 일찍부터 일하고 정류장은 태양 에너지를 집적하여 사용하고 있다.

우리 역시 원자력에너지 개발과 천연가스 도입을 통하여 에너지 효율이 상승하고 있다. 에너지 확보 면에서 어느 정도 긍정적인 변화가 있지만 에너지 수요에 있어서는 개선할 점이 많다. 교통체증 때문에 그러하기도 하지만 대부분 9시부터 시작하여 근무시간이 한없이 늘어져 있다. 저녁 야근을 열심히 일하는 척도로 생각하고 오랜만에 일찍 나오게 되면 집으로 가기보다 인간관계를 형성하느라 대낮같이 밝힌 식당에서 동료와 식사를 한 후, 음량 질을 높이기 위하여 많은 전기가 필요한 노래방에서 목청을 뽑는다.

에너지만큼은 미국식보다 유럽식을 따라야 하는데 정작 미국과 같이 중형차를 선호하고 에너지 씀씀이가 절약하고는 거리가 멀다. 우리는 세계 5위의 에너지 수입국으로 1인당 기준으로는 가장 많이 수입하고 있다. 선진 산유국에서는 에너지가 일자리와 직결되어 있어 에너지 문제에 대하여 관심이 많지만, 우리는 비산유국이다 보니 에너지 관련 기사나 일반인들의 관심이 별로 없다. 에너지의 커다란 변화가 일어나고 있음에도 이러한 변화 움직임을 알지 못하고 전기 자동차가 차세대 수송수단이기는 하지만 왜 전기 자동차가 중요하게 되는지 잘 모른다.

아무리 기술이 발달되었어도 깊숙이 감추어져 있는 에너지원을 발견하는 확률이 높지 않아 에너지 투자 자체가 위험성을 동반하고 있다. 하지만 언론이나 국회에서는 투자만 하면 커다란 성과를 거둘 수 있을 것으로 생각한다. 에너지 전문가가 부족할 경우 인력을 기르는 가운데 착실하게 투자하는 방식을 취하기보다 단기간에 높은 수익을 얻으려고 한다.

4. 미국은 우리의 모델이 아니다

오바마 대통령은 재생에너지의 주창자로서, 후보시절 미국의 경쟁력을 강화하기 위하여 에너지 자립을 위한 인프라 구축을 강조한바 있다. 석유에만 의존하면 국가안보 및 안정적인 원유공급에 취약하게 되며, 환경문제도 일으키게 되는 현실을 강조하면서 대체에너지원 개발을 강조하였다. 특히 석유매장량이 불과 3%인 미국이 사용하는 규모가 전 세계 공급의 25%에 달하고 있는 현실을 지적하고 에탄올 개발, 하이브리드 차 개발 등에 대한 투자를 강조하였다. 동시에 외국에너지에 의존하는 나라가 빠지게 될 위험성으로 러시아의 가스공급 중지로 위기에 빠졌던 우크라이나의 예를 강조한 바 있다. 후보시절 1,500억 불의 에탄올과 바이오 퓨얼 사업을 지원하며, 에너지 법안(Cap & Trade Bill)을 통하여 탄소 배출규모를 대폭 삭감하도록 하겠다고 공약하였다.

그는 대통령 취임 후인 2009년 에너지 정책을 발표하였는데 재생에너지 개발, 해저 에너지 개발, 원자력에너지 등 3개

분야로 나뉘어 있다. 오바마 대통령의 화석에너지에 대한 뿌리 깊은 불신과 원자력 발전소 건립시의 재원 및 환경론자의 반대 등을 고려할 때 오바마 정부의 실제 정책은 재생에너지 개발에 초점을 두고 있다.

그러나 현실이 그렇게 녹록하지 않다. 2010년 4월 멕시코 만 원유유출사고 이후 그가 구상한 탄소배출권 거래제 법안을 통과시켜 화석에너지 개발에 대하여 국가가 통제하는 권한을 확대하고자 하였다. 하지만 야당인 공화당의 반대로 실현되지 못하였다. 오바마 정부는 이 에너지 법안으로 이산화탄소를 1990년을 기준으로 하여 2020년까지 17%, 2050년까지 83% 감소시키겠다고 하였지만, 에너지 업계의 반발과 야당인 공화당에서 하원을 장악하고 있어 앞으로도 이 법안을 채택하기는 현실적으로 어렵다.

대체에너지 개발을 주창하였으나 기술발전뿐만 아니라 비용 및 효율성 측면에서 어려움이 많다. 대체에너지 기술개발이 30여 년 이후에나 가능하며 향후 가능하더라도 실용화하기 위해서는 휘발유 주유소와 같은 재생에너지 충전소 인프라를 구축하기에는 상당한 비용이 소요된다. 탄소를 채집하는 방안(Carbon Capture and Sequestration) 역시 탄소채집을 위하여 많은 에너지를 사용하게 되어 에너지 효율성이 저하되는 면이 있다. 채집된 탄소를 저장하는 창고를 마련하고 지하 저장고로 옮기기 위한 파이프 건설도 상당한 비용이 소요된다. 핵폐기물 저장소에 대한 반대와 같이 거대한 탄소 저장소에 대한 국민적인 동의를 유도하기도 쉽지 않다. 전력 생산을 줄인다면 탄소를 줄일 수 있으나 현재도 전력생산이 충분하지 않은 상태이기 때문에 이 역시 쉽지 않다.

에너지 업계의 입장은 정부와 많은 차이를 보이고 있다. 업계에서는 오바마 정부가 중점을 두고 있는 대체에너지 및 청정에너지를 위한 기술 개발이 현실화되기까지 해외에서의 석유수입을 줄이는 방안으로 심해저 개발, 북극 개발, 지하개발을 주장한다. 이를 통하여 석유와 천연가스를 국내에서 더 생산하고 원자력도 활용해야 한다고 주장한다. 당분간 화석연료가 주 에너지원이 될 수밖에 없으며 이를 위하여 외국 수입에 의존하기보다 북미지역의 자원을 개발하는 것이 효율적이라는 입장이다. 특히 천연가스의 경우 이산화탄소 배출이 석탄의 2분의 1이고 셰일가스(shale gas)의 발견으로 향후 100년간 사용할 수 있는 여력이 있으며, 원자력은 설치비용이 높은 단점이 있지만 이산화탄소 배출이 거의 없어 환경론자의 입장과도 어느 정도 부합한다고 주장한다.

현재 70억 세계인구가 개도국 중심으로 꾸준히 증가하여 2030년에는 83억 인구가 될 것으로 예상된다. 석탄 등 화석에너지 수요가 증가할 것은 필연적이다. 이를 고려할 때 재생에너지 개발과 함께 천연가스와 원자력 개발도 동시에 추진하는 것이 합리적이라는 입장이다.

오바마 대통령은 화석에너지에 대한 거부감과 부시 전 대통령과의 정책 차별화를 위하여 재생에너지에 중점을 두는 방향으로 정책을 급격히 변화시켰다. 그 역시 역대 대통령과 같이 정책변화를 통하여 환경문제를 해결하고자 하였지만 현실적으로 적용하는데 애로사항이 있다. 신재생에너지로 나아가자는 중·장기적인 목표와 함께 단·중기적으로 화석에너지의 활용 불가피성을 인식하는 것이 중요하다. 신재생에너지가 중요하다고 하여 이 에너지원에만 의존할 수 없는 것이 현실이며 정책을 급격히 바꾸는 것은 바람직하지 않다. 미국이 지난 40여 년간 추진한 에너지 정책은 대통령이 바뀔 때마다 너무나 많은 변화가 있어 일관성 있게 추진해야 할 우리에게는 맞지 않다는 생각이다.

어떠한 정책이 필요하나

1. 끊임없이 일어나는 변화를 주시하라

우리는 에너지 부문에서 많은 어려움이 있다. 무엇보다 자원이 없기 때문에 생산 현장이 없고 이에 따라 관련한 기술, 정보, 인력 그리고 자본이 부족하다. 외국으로부터 수입하는 총금액의 3분의 1을 에너지 도입에 사용하고 있어, 석유·가스·광물자원 등의 국제 가격에 민감해야 함에도 대외여건을 주어진 것으로만 받아들였다. 유가만 보더라도 1973년 석유위기 이후 롤러코스터처럼 급등락을 하였으나 우리는 완충할 수 있는 방도를 구축하지 못하고 늘 대외여건에 좌우되는 불안한 구도였다.

프랑스·독일·일본·이탈리아 등 여러 선진국도 비슷한 여건이었으나 이들 국가는 나름대로 에너지 정책을 일관성 있게 수립하여 대응하여 왔다. 프랑스는 원자력에, 독일은 신재생에너지에, 일본은 에너지 효율성에 중점을 두면서 완충할 수 있는 구도를 만들어 외부의 변화에 비교적 잘 적응하였다. 또한, 국제석유기업을 육성하여 대외 에너지 확보에도 적극적이었는데 프랑스의 토탈 사, 이탈리아의 에니 사 등이 대표적이다.

우리도 최근에야 비교적 적극적인 에너지 정책을 통하여 외국의 광구를 확보하면서 자립도를 올려나가고 있다. 한국석유공사는 해외 광구를 매입하여 일일 24만 배럴의 공급을 자체적으로 확보하였으나 여전히 일일 수요 220만 배럴의 10%를 상회하는 정도에 불과하다. 한국가스공사 역시 미국의 셰일가스 도입, 모잠비크에의 가스전 투자 등 해외 진출이 가시적인 성과를 거두고 있다. 그러나 만족하기보다 우리의 투자 지역과 방향에 대하여 보다 적극적으로 검토해야 한다. 독자적으로 진출하는 것이 바람직하나 이를 위하여 고도의 기술이 전제되어야 하며, 개발비용의 조달 등도 문제가 된다.

해외 진출을 위해서는 대외환경의 변화를 잘 인식하고 이 변화가 우리에게 미치는 영향을 나름대로 분석할 수 있어야 한다. 먼저, 셰일가스만 하더라도 3~4년 이전부터 중요한 에너지원으로 부각하여 왔음에도 최근에야 그 중요성을 인식할 정도로 우리는 에너지 흐름을 이해하는데 많은 시간이 걸렸다. 셰일가스의 개발로 우리의 수입원이 중동, 동남아시아에 의존하던 구도에서 다변화할 수 있는 장점이 있다. 반면, 미국은 대량 생산되는 셰일가스를 활용하여 에틸렌을 값싸게 생산하고 이를 원료로 우리의 주력 수출제품인 석유화학제품을 싸게 생산하면 우리에게 불리한 점도 발생한다. 둘째로 2011년 아랍의 봄으로 중동 지역의 정세가 불안해졌을 때 우리는 정치적인 변화로 인식하였을 뿐 다가올 경제적인 파장을 생각하지 못하였다. 이 여파로 갤런당 70~80불 하던 유가가 20불 이상 상승하여 2011년 이후 100불 이상으로 올라간 이후 전 세계적인 경기침체에도 불구하고 하락할 기미를 보이지 않고 있다. 앞으로 높은 유가가 지속되면 우리 경제에 주름살이 펴지기가 어렵게 되었다. 셋째, 현재 가스 가격은 북미주, 유럽, 아시아 등 지역별로 차이가 있으나 2014년 파나마 운하 확장사업이 완료될 경우 미국 셰일가스의 동아시아 이동비용이 격감되어 국제 가스가격이 비교적 균등화될 수 있다. 또한, 캐나다 역시 동아시아 국가에 대한 가스 수출을 계획하고 있어 우리로서는 다변화 전략 방안을 유리하게 마련할 수 있다.

정책입안자들은 에너지 자립(energy independence)과 녹색에너지(green energy)라는 개념을 선호하지만 어느 정도 현실적인지는 검토해야 한다. 중동의 정세가 앞으로도 불안한 측면이 있기 때문에 어느 나라나 에너지 자립을 원하고 있다. 특히 에너지의 96.5%를 수입하는 우리로서는 완전한 자립이 어렵지만 어느 정도 자립도를 높이는 노력을 계속해야 한다. 다만 이러한 당위성 때문에 충분한 검토나 기술인력 및 정보의 뒷받침 없이 무리하게 해외투자를 하면 기대한 정도의 성과를 기두지 못할 가능성이 있기 때문에 중·장기적인 계획을 수립해야 한다.

에너지 자립은 모든 국가의 중요한 정책과제이지만 현실적으로 이루기는 어렵다. 오바마 대통령은 미국이 중동 또는 베네수엘라 등 정세가 불안한 국가나 미국에 적대적인 국가의 화석에너지에 의존하는 비중이 높은 점을 강하게 비판하였다. 그 대안으로 신재생에너지 개발을 통하여 에너지 자립을 이룩하고, 녹색에너지 개발을 통하여 기후변화(climate change), 지구온난화(global warming) 문제에 주도적인 역할을 하여 해수면 온도가 상승하는 것을 막은 대통령으로 평가받고 싶다고 하였다.

지난 4년간 미국은 화석에너지 수입 비중이 줄어들어 오바마 대통령이 바라던 에너지 자립이 외견상으로 이루어지고 있으나 녹색에너지를 개발하여 이루어진 것이 아니다. 미국의 셰일가스와 석유, 캐나다에서의 모래석유(tar sands), 멕시코 만의 심해저 석유의 개발이 가능하게 되면서 한편으로 에너지 자립도가 일부 증가하고 다른 한편 중동 등 정세불안국가에의 의존도가 줄어들었다.

미국의 셰일가스 개발로 에너지 구도에 커다란 변화가 일어나고 있으며 전 세계적으로 확산될 전망이다. 2009년 2월 오바마 대통령이 취임할 당시만 하더라도 미국의 천연가스 수요가 증가하여 카타르 등으로부터 수입 증가가 불가피하였다. 2005년 미국에서 개발된 가스의 비중이 수요의 1% 수준이었으나 2010년에는 30%까지 올라갔으며, 텍사스·오하이오·펜실베이니아 주 등에서 50만 명의 일자리를 창출하고 있다. 물의 오염 등 환경상의 문제가 제기되고 있지만 수압파쇄방식(fracking)에 사용될 화학제품 생산을 위한 석유화학관련 기업의 사업은 활발해지고 있다. 셰일가스가 매장되어 있는 곳이

전 세계에 고루 분포되어 있어 각 국가가 기술을 확보할 경우 가스 생산이 확산되어 현재의 구도에 많은 변화가 일어날 가능성이 높다. 이스라엘 앞 바다에서 대규모 셰일가스전이 발견된 것이 그 예이다.

석유 부문에서의 변화도 전개되고 있다. 높은 유가로 인하여 그동안 개발되지 못하였던 심해저의 석유와 비전통석유의 개발이 본격적으로 일어나고 있다. 멕시코 만과 서아프리카 연해뿐만 아니라 브라질의 심해저에서도 대규모 유정이 발견되고 캐나다의 모래석유개발이 본격화되고 있다. 미국 역시 커다란 변화가 있는데 석유 수입 비중이 1차 석유위기 당시인 1973년 35%에서 30년 이상이 지난 2006년에는 60%까지 이르렀으나 셰일석유 생산이 늘어나면서 수입 비중이 2010년 47%로 급격히 줄어들었다. 수입량의 5분의 1정도만 중동, 베네수엘라 등 국가로부터 들어오고 있어 불안 요인이 상당히 완화되었다. 아프리카의 나이지리아, 리비아 외에도 앙골라, 가나, 적도기니 등에서 발견되어 그동안 중동에 의존하던 석유구도가 중동, 미주, 아프리카 등으로 다양화되면서 재편되고 있다.

2. 우리가 할 수 있는 방책을 생각한다

세계 에너지 환경의 변화를 주목하면서 우리가 취할 정책적 입장에는 어떤 것이 있을까? 무엇보다도 에너지 정책에서 가장 중요한 첫 번째 조치는 수요관리로서 에너지 절약 및 효율화이어야 한다. 한밤 곳곳에 네온사인 광고판이 대낮같이 불을 밝히고 있고, 한겨울에 집에서 내복차림으로 지내며, 한 여름에 백화점 내에서 옷깃을 여밀 정도가 정상인가? 에너지를 전혀 생산하지 않은 국가에서 소형 차량은 거의 보이지 않고 중형차량이 활보하며, 전기 요금이 어느 나라보다도 싸면서도 가격을 올리면 아우성이다.

국제 유가가 배럴당 100불을 상회하는 지금 국내 유가가 비싸다고 난리지만 우리 기준으로 비싸다고 볼 수 없다. 우리의 유가 수준은 비싸기는 하지만 대부분의 선진 산유국보다 싸다. 물론 미국이나 중동의 산유국과 비교하여 비싼 것은 사실이지만 비산유국으로서 감당할 몫을 생각한다면 결코 비싸다고 할 수 없다. 유가를 인상하여 석유 사용을 줄이도록 하고 인상된 부문은 신재생에너지 기술 개발 등에 활용하는 방안을 강구할 필요가 있다.

둘째, 에너지원 확보를 위한 투자를 어떻게 할 것인가 하는 방향을 결정해야 한다. 석유투자를 주식투자와 비교하면 이해하기가 더 쉽다. 대부분의 사람들이 불과 몇 년 전까지만 해도 높은 이자율로 돈을 은행에 맡겼지만, 이제는 이자율이 낮아 주식투자로 옮기고 있다. 다만 금융투자에 익숙하지 않아 우선 펀드 투자를 하게 되고, 여기서 경험을 얻게 되면 주요 대기업 주식이나 안전한 기업의 주식 중심으로 투자한다. 그 다음 단계로 벤처기업 투자를 통하여 위험이 있더라도 수익률이 높은 주식투자를 하게 된다.

에너지 투자도 이와 유사하다. 우리는 그동안 석유 및 가스를 선물 또는 현물시장에서 구입했다. 이는 석유, 가스 자원에 섣불리 투자하기보다 시장에서 구입하는 것이 안정적이라고 생각했기 때문이다. 그러나 상황이 변하고 있다. 유가의 변동이 일어나면서 이제는 시장에서의 구입만이 능사가 아닌 상황으로 변하여 우리 스스로 석유자원을 관리할 필요가 생겼다.

이에 따라 그 다음 단계는 선진기업과 협력 하에 지분을 투자하는 방식, 나아가 운용되고 있는 석유 광구를 구입하여 유정을 직접 운용하는 방식, 더 나아가 우리 스스로 탐사지역을 선정하고 개발하는 방식이 있다. 물론 가장 바람직한 것은 국제석유기업처럼 직접 탐사하여 자체 개발하는 것이다. 그러나 탐사 · 시추 등 첨단 기술이 아직 미흡하며, 또한 직접 유정을 운용하는 것조차 충분한 경험을 확보하고 있지 못하다.

이런 점을 고려할 때 에너지 자급률을 올리기 위하여 현재로서는 지분투자를 하여 기술을 배우면서 안정적인 방식으로 확보하는 것이 바람직하다. 금융투자방식에 비견하여 본다면 지금까지 은행에 저축하던 수준에서 성장하여 주식 투자할 단계에 와 있는 것이다. 그렇다고 하여 벤처 기업에 투자할 정도의 정보력이니 지금 여력이 있는 상황은 아니다. 이에 따라 중간단계로 펀드투자에 비견되는 에너지 기업에의 지분투자를 하는 것이 필요하다. 직접 투자를 하고자 할 경우 위험부담이 적은 주식에 투자하는 것과 같이 선진 기업이 운용하는 매장량이 확인된 유정을 매입하는 것이 현재로서는 바람직하다.

셋째, 기술 개발과 인력확보를 위한 노력이다. 하나의 기술 개발이 얼마나 커다란 변화를 가져오는 가는 애플사의 스티브 잡스의 경우를 보아도 가늠할 수 있다. 에너지 부문에서도 마찬가지다. 새로운 기술인 수압파쇄방식과 수평굴착방식은 에너지 구성비뿐만 아니라 가격에도 커다란 변화를 가져오고 있다. 미국은 이러한 기술이 상용화되기 전인 2005년만 하여도 천연가스 생산이 수요의 1%에 불과하였으나 불과 5년 만에 30%에 이르고 있다. 기술 개발로서 에너지 안보를 확보할 수 있다는 것을 알려주고 있다.

현재 신재생에너지 상용화에 있어 관건은 생산된 전기를 충전하는 방법과 수소에너지 시대에 대비하는 것이다. 풍력과 태양열을 생산하더라도 생산이 불규칙적으로 일어나고 생산지로부터 소비지역으로 이동하며 소모되기 때문에 발전 에너지를 저축하여 사용하는 것이 매우 중요하다. 이에 따라 앞으로 배터리 충전기술의 진전은 또 다른 커다란 변화를 가져올 수 있다. 또한, 수소를 채집하여 공기에서 화학반응을 일으켜 친환경 에너지를 만드는 시기가 올 것이다. 우리가 배터리 기술 개발이나 수소 에너지에 초점을 맞추어 투자하게 되면 기대 이상의 성과를 거둘 가능성이 있다.

인력투자 면에서는 아직 여력이 미치지 못하고 있다. 지하유정이나 해상유정에서 석유를 뽑아 올리는 작업은 기피 작업이라고 할 정도로 육체적인 노동을 필요로 하고 외딴 지역에 떨어져 있어 인내를 요구하지만 젊은 인력의 기술습득에는 매우 유용한 작업이다. 그럼에도 단기적인 이익 추구에 우선순위를 두다 보니 국내 젊은 인력의 현장 투입이 매우 제한적이어서 이는 중·장기적으로 기술 인력을 배출하거나 기술 개발을 하는데 커다란 장애가 된다. 현재 우리 기업이 투자한 석유·가스 생산현장에서의 기술 습득은 반드시 필요하다.

넷째, 에너지 투자 진출 지역을 개발도상국에 한정할 것이 아니라 선진국도 적극 고려해야 한다. 우리는 자원보유 개발도상국의 고위 인사와 신뢰를 바탕으로 광구를 확보하는 것에 초점을 맞추고 있다. 이 역시 중요하지만 필요조건일 뿐 충분조건은 아니다. 국제석유기업이 이윤추구를 위하여 매장량, 개발여건 등의 자료를 공개하지 않는 것과 같이 자원보유국의 국영기업 역시 자사의 이해를 앞세운다. 자원을 보유한 국가들이 고위층 간의 신뢰관계를 앞세워 자원개발에 특별한 대우를 제공하는 데 한계가 있다. 자원민족주의 차원에서 외국인의 투자를 유치하여 자신들의 이해를 극대화하려는 경향이 더욱 농후해지고 있는 점을 알아야 한다.

자원문제를 보는 시각은 매우 냉정해야 한다. 러시아와 중국의 관계가 긴밀하지만 지난 10여 년 동안 중·러 간의 가스 수출입 협상이 타결되지 못하고 있다. 러시아는 중국에 유럽보나 싼 가스를 공급하겠다고 하지만 중국으로서는 서부 중국에서 받은 가스를 상하이 등 수요지역에 수송하는 비용을 고려할 때 오히려 중동 등지에서 수입하는 것이 경제적이라는 시각이다. 즉, 자원거래는 국가 간의 우호 관계나 고위 인사 간의 친분에 기초하기보다 상업상의 이해에 우선하고 있다는 점을 유의해야 한다.

자원보유국에 진입하려면 주요 실력자와의 관계 못지않게 우리 스스로 기술과 인력을 확보하여 상업 이해 측면에서 고려하는 것이 중요하다. 그러나 우리는 에너지 부문에서 기술과 인력을 확보하지 못하고 있다. 더욱이 에너지 정보에 대한 흐름도 충분히 파악하고 있지 못하다. 이를 해결하기 위하여 기술과 정보교류가 자유로운 북미주 시장에 뛰어들어 정보를 바탕으로 투자를 할 필요가 있다. 이러한 인력과 정보는 개발도상국에서 구할 수 있는 것이 아니다. 중앙아시아·남미·아프리카 등 각 지역에 대한 프로젝트 정보뿐만 아니라 에너지 전문 인력을 선진국에서 구할 수 있다. 전문가의 협력을 얻어 주요 에너지사의 프로젝트에 지분투자를 하거나 중소규모 회사를 통합하여 경험 있는 다수의 기술 인력을 선진국에서 확보하는 것이 현 시점에서는 오히려 바람직하며 따라서 선진국에의 투자가 필요하다.

다섯째, 에너지 공급원의 다변화가 절실히 요구된다. 에너지는 경제적인 문제일 뿐만 아니라 정치적인 문제이기도 하다. 2011년 리비아 사태에서 국제유가가 출렁이는 것을 목도하였다. 또한, 2006년 러시아의 우크라이나 가스공급 중단의 예에서 보다시피 안정적인 공급이 얼마나 중요한가를 알 수 있다. 우리의 석유, 가스 도입에 있어 중동 의존도는 70%에 이르고 있으며 이는 결코 바람직하지 않다.

에너지 보유국과 석유기업의 독과점을 통한 이윤 추구 성향
은 변하지 않을 것이다. 1970년대 이전까지 국제석유기업들
은 석유를 통제하면서 상당한 이윤을 취하였다. 1970년대 이
후에는 OPEC이 세계 석유의 60~70%를 통제하면서 국제 유
가가 불과 수개월 만에 4배로 폭등하였다. 만약 셰일가스가 개
발되지 않았다면 러시아, 카타르가 주도하는 가스 수출국기
구(OGEC)가 형성되어 높은 가스가격으로 우리 경제가 상당
히 어려운 타격을 받았을 가능성도 있었다. 중동의 불안과 높
은 유가는 우리에게 불리한 요인이지만 이 결과 북미 및 남미
국가에서의 석유·가스 생산이 확대되고 있으며 호주, 인도네
시아 등에서도 에너지 개발이 이루어지고 있는 것은 다행이다.
이러한 변화에 대응하여 우리는 점진적으로 중동 의존도를 줄
이면서 중·장기적으로 중동·미주·호주·동남아시아 등에서
고른 수입선을 확보하는 것이 필요하다.

여섯째, 에너지 구성비를 바꾸어야 한다. 석유는 차량 등 수
송목적으로 주요 사용되기 때문에 석유의 비중을 줄이기 위해
서는 중형차량의 사용을 줄이고 연비를 효율화해야 한다. 오바
마 행정부가 현재 갤런당 27.5마일에서 2035년까지 54.5마일
로 휘발유 효율화를 추진하는 정책은 기술발전과 함께 석유의
사용을 줄이는 효과가 있다. 발전 목적으로 쓰이는 다른 에너
지원은 석탄, 원자력, 가스, 재생에너지(풍력, 수력, 태양열) 등
인데 석탄의 비중을 낮추고 가스의 비중을 올리는 방향으로 나
아가야 한다. 또한, 우리는 원자력에 경쟁력이 있기 때문에 이

비중을 어느 정도 올릴지, 아니면 사고 위험을 감안하여 점차 줄여나갈지에 대하여 진지하게 검토해야 한다. 후쿠시마 원전 사고 이후 안전과 환경에 대한 우려가 높아지고 있음을 고려하여 안전 확보, 폐기물 처리 및 원자력에 대한 국민적인 공감과 이해를 증진시키는 방안이 같이 검토되어야 한다. 재생에너지 부문에서는 풍력, 수력, 태양열의 경우 지형관계상 에너지원 비중을 올리는 데 한계가 있는 점을 고려하여 배터리 축적기술 및 수소에너지 개발을 통한 재생에너지원 상용화에 초점을 맞추어야 할 것으로 본다.

일곱째, 경제규모에 상응하는 조치와 함께 한국석유공사와 한국가스공사의 경쟁력을 향상시키기 위한 노력을 해야 한다. 경제성장과 발전량은 직결되어 있으며 2009년 현재 우리의 경제규모는 15위, 에너지 수요는 9위이다. 이는 경제력에 비하여 에너지 수요가 많다는 것을 의미하는 만큼 수요를 상당히 줄여야 한다. 2007년 우리의 이산화탄소 배출규모를 보면 총량 면에서 8위이며 1인당 규모에서도 4위이어서 배출량을 줄일 방도를 찾아야 한다.

2011년 현재 우리보다 국민총소득이 높은 14개 국가는 예외 없이 민간 기업이나 정부기업의 형태로 엄청난 규모의 석유 및 가스회사가 있다. 미국의 ExxonMobile, Chevron 중국의 CNOOC(China National Offshore Oil Corp.), 일본의 JNOC, 영국의 BP와 BG, 이탈리아 Eni, 스페인 Repsol, 프랑스의 Total, 노르웨이의 Statoil 등이 있다. 성장과정에서 미국과 같이 기업의 투자로 이루어진 경우를 제외하고는 대부분 정부의 전폭적인 지원으로 이루어졌다. 한국석유공사(KNOC)는 2012년 일일 24만 배럴 생산을 확보한 정도이고, 자산규모는 70위권에 불과하다. 한국가스공사 역시 자산규모에서 세계 주요에너지 기업에 크게 뒤지고 있어 자본 증가를 위한 자체적인 노력과 함께 국가의 지원이 필요하다. 이를 통하여 해외 진출을 적극 확대해 나가야 한다.

여덟째, 에너지 정책의 진폭을 줄여야 한다. 미국의 정책 실패는 대통령이 바뀔 때마다 에너지 정책의 진폭이 심하였던 때도 이유가 있다. 부시 대통령(43대)이 화석에너지에 대하여 너무 높은 비중을 두었던 반면, 오바마 대통령은 녹색에너지에 대한 강한 의지를 보이고 있다. 오바마 대통령은 에너지 정책에서 4가지 커다란 흐름, 즉 석유의 국내생산 증가, 바이오 퓨얼과 천연가스의 대체 사용, 전기차 사용 권장, 에너지 효율성 증대 등을 목표로 하였다. 이 가운데도 태양력·풍력 등 재생에너지에 대한 대폭적인 지원과 이산화탄소 배출량을 제한하기 위한 탄소배출권 거래제를 추진하였으나 기대한 성과를 거두기가 쉽지 않다. 정부가 바뀌더라도 에너지 정책의 진폭을 너무 크게 변화시키는 것은 검토해 보아야 한다.

에너지 문제를 다시 생각한다

에너지 문제를 다시 생각해 본다. 분명히 성장을 위해서 에너지가 필요하나 성장과정에서 환경이 오염되기 때문에 성장이 반드시 좋은 것만은 아니라는 생각이 든다. 우리가 살아가는 지구를 스스로 파괴하는 현실을 타개하려는 환경론자들의 주장에 상당히 일리가 있다.

그러나 다른 면에서는 성장 없이 환경의 개선이 있을까 하는 생각이다. 북한을 보더라도 당장 먹고살기 어렵고 추위에 떨고 있는데 언제 환경문제에 신경을 쓸 겨를이 있겠는가? 중국이나 인도가 그럴싸한 이유를 대기는 하지만 속내는 가난한 가운데 환경을 고려할 처지가 아니라는 입장일 것이다. 미국 역시 다르지 않다. 풍력이나 태양력을 생산하려면 엄청난 보조금을 주어야 하는데 재정적자로 허덕이고 실업이 전후 최고 수준에 이르고 있어 오바마 대통령도 재생에너지에 중점을 두고 공약한 내용을 실천하기가 쉽지 않다.

우리의 경우도 환경을 우선시한다고 하여 화석연료와 원자력을 도외시할 처지가 되지 못한다. 태안반도의 석유유출을 보고 석유자원이 바람직하지 않다고 흔히 생각한다. 일본 후쿠시마 원전 사고를 보고 러시아 체르노빌 사고를 기억하면서 원전 사고가 우리에게는 일어나지 않으리라고 100% 확신할 수 없기 때문에 원자로를 폐쇄해야 한다는 의견도 있다. 석탄과 가스에서 나오는 이산화탄소는 우리의 건강과 지구의 환경을 해치기 때문에 바람직하지 않다고 본다. 신재생에너지를 제외하고 다른 에너지원은 바람직하지 않다. 그러나 대안이 있는 것이 아니어서 현실은 그렇게 쉽지만은 않다.

화석에너지를 배제할 정도로 우리의 상황이 여유롭지 못하다. 석유와 가스를 거의 중동에서 수입하고 있어 아랍의 봄이라는 정치적인 변화가 우리에게는 유가의 급등이라는 현실 문제로 다가올 정도로 에너지 구도가 취약하다. 녹색성장을 추구하면서도 전체 이산화탄소 배출규모는 세계 8위이고, 1인당 배출규모로 보면 4위에 이를 정도로 에너지 사용량이 많다. 화석에너지 자원을 보유하지 못하고 있지만 재생에너지 비중도 2.5%에 불과하다. 또한, 에너지 기술력이 높거나 충분한 인력을 보유하고 있는 것도 아니다. 우리는 세계 15위의 경제규모에 비하여 에너지 분야에서는 정보력, 인력, 자본 투자 등 여러 면에서 뒤떨어져 있다. 게다가 앞으로도 유가가 100불 이상의 높은 수준을 유지할 전망이어서 우리가 당면할 에너지 환경이 결코 우호적이지 않다.

대외 의존적인 에너지 구도와 불확실한 국제경제 환경이기 때문에 중·장기적인 에너지 정책 방향을 나침반으로 삼아 현

장에 기반을 둔 매우 현실적인 접근을 해 나가야 한다. 그렇다
고 하여 너무 비관적으로만 볼 것이 아니다. 현장에서 느낀 바
로는 최근의 국제적 위기가 우리에게는 커다란 기회가 될 수
있다. 에너지 기술과 인력을 확보할 뿐만 아니라 에너지원을
안정적으로 다변화할 수 있는 기회라고 생각한다. 선진국 스스
로 경제가 어렵다보니 투자유치를 원하면서 예전과 달리 기술
이전에 보다 신축적이다. 이는 에너지 관련 고급 기술을 확보
하고 에너지 전문 인력을 배양할 수 있는 할 수 있는 좋은 기회
이기도 하다. 에너지 구도의 변화(game change)를 계기로 부
족한 에너지원을 극복하고 친환경 개발을 위하여 기술 개발에
초점을 두어야 한다. 전기차, 풍력, 태양력을 활용하기 위하여
배터리 축적기술이나 수소에너지 개발이 획기적으로 이루어져
야 한다. 이 부문에서 우리가 선도하려면 선진기술 도입 및 선
진기업과 협력을 하는데 선진국 경제가 어려운 지금이 기회이
다.

이 기회를 활용하기 위하여 어디에서 출발해야 하나? 가장
먼저 에너지 절대량을 줄이고 에너지 효율을 올리는 데서 시작
해야 한다는데 이견이 없다. 국제석유기업에 근무하는 기업경
영인, 재생에너지에 초점을 두고 환경을 걱정하는 사람들, 에
너지 문제를 연구하는 학자들 모두가 일치하는 것은 에너지 사
용을 무조건 줄여야 한다는 점이며 절대 수입국인 우리에게는
더욱 그러하다. 아울러 정보통신을 활용한 스마트 그리드 체계
로 에너지가 낭비되는 요소를 줄이고, 또한 자동차의 연비를

올리기 위하여 기술 개발을 해 나가야 한다.

또한 에너지는 위험도가 높은 자산인 것을 염두에 두어야 한다. 우리는 환율, 주식의 변동 폭이 매우 커 수익과 함께 위험도도 많은 것으로 생각하고 있다. 그러나 에너지의 가격 변동 폭이 그보다 훨씬 크다는 사실이 우리에게 그다지 와 닿지 않고 있다. 선진국의 1년간 가격 변동 폭(volatility)을 보면 외환이 아래위로 5%의 변화가 있는 반면, 회사채가 10%, 주식이 20%, 석유는 40%, 가스는 60%, 전력이 80% 수준이라고 한다. 그만큼 에너지의 가격 변동 폭이 크다. 따라서 우리가 에너지 투자를 늘리는 만큼 과실도 크지만, 또한 투자 위험도 높아지고 있다는 점을 항상 인식해야 한다.

나아가 산유국의 고위인사와의 친분관계는 우선 필요조건일 뿐 충분한 조건이 이루어진 것으로 판단해서는 안 된다. 산유국은 자원민족주의에 기초하여 자국의 이해를 철두철미하게 확보하려고 한다. 친분관계로 국익을 도외시하는 예가 거의 없을 뿐만 아니라 오히려 국익을 위하여 기존의 협력관계를 냉철하게 재검토할 가능성이 있음을 알아야 한다.

특히 유의할 것은 산유국과의 협상에서 공급자가 늘 우위에 있고 수요자가 늘 열세에 있는 것은 절대 아니라는 점이다 에너지 전문가들은 에너지 자립이라는 개념 자체가 에너지 문제를 모르고 하는 소리이며 이는 공급자가 늘 우위에 있다는 선입견 때문이라고 한다. 중동의 에너지 수출 비중이 높아 1970년대 OPEC과 같이 중동국가들이 국제시장을 늘 통제할 것 같지만 실제 그렇지 않다. 특히 최근 심해저나 셰일 암에서 예전에 개발하지 못하였던 석유와 가스가 추출되면서 중동의 우위가 흔들리고 있다. 더욱이 중동국가는 에너지에만 의존하는 산업구조이기 때문에 가격 또는 정세의 불안으로 에너지원 수입이 불규칙적이면 자국 내 소요가 일어날 가능성이 높다. 이에 따라 그들에게도 안정적인 수요 확보가 매우 중요하다. 따라서 수입국가의 협상 위치가 늘 열위에 있는 것이 아니다. 그러나 수입국으로서 겪는 한계가 있는 만큼 에너지원 확보에 못지않게 인력 및 기술 개발이 중요하다. 우리가 이 부문에 아직 많은 투자를 하지 못하고 있는 점을 깨달아야 한다.

에너지 문제는 우리가 맞닥뜨리고 싶지 않은 불편한 진실이라는 데 이의가 없다. 일반인들은 에너지 투자만 하면 수익이 생기고 에너지 자립을 이룰 수 있으며, 재생에너지만 쓰면 환경을 크게 개선할 수 있을 것으로 생각하지만 현실은 그리 녹록하지 않다. 이상에 함몰되어 현재의 에너지 구도를 완전히 바꾸면서 산업혁명 이전의 시대로 돌아갈 수는 없는 것이 현실이다. 오히려 환경과 에너지 간에 뒤엉킨 현상을 인식하여 그 고리가 무리 없이 함께 가는 방안을 강구하는 것이 보다 필요하다. 어떻게 보면 에너지 문제 해결을 위하여 누구나 할 수 있는 가장 손쉬운 첫걸음은 컴퓨터 사용 후 전기를 반드시 끄고 가능한 한 대중교통을 이용하는 것이 아닐까? 현실을 직시할 수 있는 용기와 함께 현실을 풀어가는 지혜가 필요한 때이다.

글을 마무리하면서

　국내 에너지 부문의 기업인, 전문가 그리고 정책 담당자들은 에너지 투자의 성공도가 낮고 장기간 투자가 불가피함에도 불구하고 국회와 언론에서 유정이나 가스 구멍을 몇 개 파서 성공하지 않으면 투자가 크게 실패한 것으로 보거나, 또한 가까운 기간 내에 성과를 거두는 것을 기대하고 있어 이 부문에서 일하기가 어렵다고 푸념하곤 한다. 분명 틀린 이야기가 아니다.

　그러나 이러한 푸념이 에너지 투자에 대한 자세를 모두 말해 주는 것이 아니다. 엑슨 모빌 등 국제석유기업의 경우도 투자 성공률이 20%를 넘지 못하고 특히 최근에는 심해저로 진출하고 있어 그 성공률이 오히려 낮아지고 있다. 그렇기 때문에 이들 기업은 에너지에 관한 정보망을 구축하고 경륜 있는 인력을 확보한 가운데 중·장기 투자계획을 치밀하게 마련하여 투자의 성공률을 높이는 노력도 함께 하고 있다는 점도 동시에 주목해야 한다.

　해외 에너지 개발은 단순히 광구 개발권 확보에만 있는 것이 아니다. 광구 개발권을 적정한 시장 가격으로 구입하기 위하여 매장여부 및 규모를 평가할 수 있는 기술과 인력, 정보력과 함께 자원보유국에 진출하기 위한 자본을 조달할 수 있어야 한다. 그러나 우리는 현재 이 모든 부문에서 충분한 여력이 없기 때문에 독자적인 개발을 하기보다 기술력을 갖춘 해외 기업과의 공동 투자를 통하여 경험을 축적하고 기술을 습득하며 재정적인 부담도 줄여나가는 전략을 취해야 한다.

우리나라는 녹색기후기금이라는 국제기구를 유치하여 녹색성장 부문에서 앞서갈 토대를 마련한 것은 크게 환영할 일이며 이를 통하여 신재생에너지 부문에서 선도적인 역할을 찾아야 할 것이다. 녹색성장을 적극 추진하면서도 우리가 어느 위치에 있는가를 냉정하게 인식하는 것이 필요하다. 녹색성장이란 무엇인가? 에너지는 지속적으로 공급할 수 있어야 하고(affordable), 값싸야 하며(cheap), 깨끗해야(clean) 그 효율성이 있다. 녹색성장은 가격이 싸고 충분히 공급 가능하더라도 깨끗하지 않는 에너지원을 선호하지 않는 정책이다. 역으로 가격이 비싸고 공급에 애로가 있더라도 인류의 장래를 생각하여 친환경적인 에너지원을 개발하고 사용하는데 초점을 두는 정책이다. 이를 위하여 지금 당장은 어려움이 있더라도 친환경 에너지원에 보조금을 지불하고 관련한 기술 개발을 통하여 중·장기적으로 신재생에너지원이 화석에너지를 대체하여 환경친화적인 성장을 추구하는 것이다.

그러나 이러한 기술 개발이 가까운 시일 내에 이루어지기는 쉽지 않으며 녹색성장이 현실화된다고 하여도 모든 분야에 경쟁력을 갖추기는 어렵다. 지금 현 시점에서 우리는 태양광과 풍력에 대하여 관심을 가지면서 많은 투자를 하고 있으나 국제경쟁에서 우세한 위치에 있는 것은 아니다. 오히려 우리가 신재생에너지 분야에서 비교우위에 있을 수 있는 분야는 생성된 전력을 축적하는 배터리 개발이다. 이를 위하여 연구기술기금을 배터리 개발에 더욱 지원하는 것도 검토할 만하다.

문제는 현재부터 배터리 기술 개발과 신재생에너지의 상용화시점까지의 과도기 기간 동안의 정책이다. 우선 녹색성장을 이루기 위하여 현재 에너지 공급이 부족하더라도 참을 수 있어야 하며, 전기요금과 휘발유 가격이 높아지는 것을 견뎌야 한다. 후쿠시마 원전사고로 독일과 일본은 원자력을 포기하는 대신 전기료의 상승을 수용하고 에너지원을 절약하고 있음을 참고할 필요가 있다. 또한 우리가 많은 노력을 기울여 신재생에너지 개발 계획을 예정대로 추진하더라도 현재 2.5%에 불과한 비중이 20년 후인 2030년에 11.5%로 올라가는 정도이다. 신재생에너지가 주력 에너지원이 되기에는 더욱 많은 시간이 걸린다.

이 과도기 동안 사용할 수 있는 에너지원으로 원자력과 천연가스가 제기되고 있다. 천연가스의 경우 우리나라에서는 아직 발견되고 있지 못한 실정이며 현재로서는 해외 가스광구를 확보하는 것이 우리가 취할 수 있는 방안이다. 오히려 최근 안전성 문제로 많은 우려가 제기되고 있는 원자력 부문에서 우리의 경쟁력이 있다.

우리는 절박한 에너지 수요로 원자력 기술과 인력을 세계 어느 나라와 견주어도 뒤지지 않을 정도로 경쟁력 있는 수준까지 발전시켰다. 현재 일부 선진국을 제외하고 대부분의 국가는 원자력을 포기할 수 있는 상황이 아니기 때문에 우리의 원전 및 관련기술 수출 가능성이 증가할 수 있다. 이러한 경쟁력을 바탕으로 원자력의 안전성을 담보하는 기술을 더욱 발전시키는 것이 바람직하다.

그러나 안전에 대한 국민적 우려로 원자력을 포기할 경우 에너지원 확보를 위한 다른 방도를 강구하되 우리가 겪게 될 어려움에 대한 국민적 협조를 구해야 한다. 영광원전의 고장으로 금년 가장 어려운 겨울을 예고하고 있고 전력수급 비상대책을 강구하는 상황에 대하여 충분히 설명하고 있는 것이 좋은 예이다. 정부는 에너지 절감, 전기료 등 공공요금 인상, 차량세 인상 등의 조치 등을 위하여 국민적 이해와 참여가 이루어지도록 노력하여야 한다.

에너지 개발에는 상당한 재원이 필요하며 이에 필요한 엄청난 재원을 어떻게 조달할 것인가 하는 것이 관건이다. 중국은 3조 달러 이상의 외환을 보유하고 있어 전 세계의 에너지 자원 진출에 거침이 없다. 노르웨이는 에너지 자원과 첨단기술을 보유하고 있을 뿐만 아니라 에너지 부문에서의 자금조달에 상당한 금융 노하우를 가지고 있어 국제적 경쟁력이 높다. 에너지 정책이란 에너지 자원 개발에만 초점을 맞출 것이 아니라 자원, 기술, 금융을 결합한 구도로 추진해야 한다는 점을 일깨워주는 예이다.

세계 경제력 15위권의 국가로 많은 에너지를 쓰면서 우리만큼 에너지에 대하여 잘 모르는 경우도 드물다. 이는 에너지 기업이 친환경적이지 못하고, 또한 독점적 이윤 추구를 한다는 부정적인 인식이 우리 사회에 널리 퍼져 있기 때문이다. 또한, 전문가들이 에너지 문제를 너무 기술적으로 설명하여 일반인들이 이해하기 어려운 것도 또 하나의 이유이다.

그럼에도 우리는 에너지 문제를 회피해서는 안 된다. 앞으로 우리의 친환경 성장뿐만 아니라 북한의 연착륙을 위하여도 에너지 문제가 중요하기 때문에 이를 직시해야 한다. 아무런 에너지자원이 없는 우리가 어떠한 경로를 거쳐 에너지원을 확보하고 궁극적으로 녹색성장을 이루어야 할 것인지를 진지하게 고민할 때다. 그러하기에 에너지에 대한 기본 지식과 흐름을 아는 것이 필요하다. 이 책이 그 출발점이 되기를 바랄 뿐이다.

참 고 문 헌

Abraham, Spencer. *Lights Out : Ten Myths about America's Energy Crisis.* New York : St. Martin's Press, 2010.

Bower, Tom. *Oil : Money, Politics, and Power in the 21st Century.* New York : Grand Central, 2009.

Bryce, Robert. *Power Hungry : The Myth of "Green" Energy and the Real Fuels of the Future.* New York : BBS, 2010.

Caldicott, Helen. *Nuclear Power is not the Answer.* New York : The New Press, 2011.

Cooper, Andrew S. *Oil Kings.* New York : Simon & Schuster, 2011.

Deffeyes, Kenneth S. *Beyond Oil : The View from Hubbert's Peak.* New York : Hill and Wang, 2005.

ㅡㅡㅡㅡㅡㅡㅡㅡㅡ *When Oil Peaked.* New York : Hill and Wang, 2010.

Economides, Michael. *From Soviet to Putin and Back : The Dominance of Energy in Today's Russia.* Houston : Energy Tribune Publishing, 2008

ㅡㅡㅡㅡㅡㅡㅡㅡㅡ *Energy : China's Choke Point.* Houston : ET Publishing, 2009.

Economist. *Pocket World in Fig ures.* London : Profile Books, 2011.

El-Gamal, Mahmoud. and Jaffe, Amy Myers. *Oil, Dollars, Debt, and Crises : The Global Curse of Black Gold.* Cambridge : Cambridge University Press, 2010.

Fletcher, Seth. *Bottled Lightning : Superbatteries, Electric Cars and the New Lithium Economy.* New York :

Hill and Wang, 2011.

Friedman Thomas L. and Mandelbaum Michael. *That Used to Be Us.* New York : Farrar, Straus and Giroux, 2011.

Goldman, Marshall I. *Petrostate: Putin, Power and the New Russia.* Oxford : Oxford University Press, 2008.

Gore, Al. *Our Choice : A Plan to Solve the Climate Crisis.*, 2009.

Graetz, Michael J. *The End of Energy.* Cambridge, MA : The MIT Press, 2011.

Hallett, Steve and Wright, John. *Life without Oil.* Amherst : Prometheus Books, 2011.

Hofmeister, John. *Why We Hate the Oil Companies.* New York : Palgrave Macmillan, 2010.

IEA. "Are We Entering a Golden Age of Gas.", *World Economic Outlook.* 2011.

Klare, Michael T. *Blood and Oil : The Dangers and Consequences of America's Growing Dependency on Imported Petroleum.* New York : Holt, 2004.

Maass, Peter. *Crude World : The Violent Twilight of Oil.* New York : Vintage Books, 2010.

Mandelbaum Michael. *The Frugal Superpower.* New York : BBS Public Affairs, 2010.

Maugeri, Leonardo. *The Age of Oil : The Mythology, History and Future of the World's Most Controversial Resource.* Westport : Praeger, 2006.

Moniz, Ernest. "Why We Still Need Nuclear Power", *Foreign Affairs,* November/December 2011.

Nye, Joseph S. *The Future of Power.* New York : BBS Public
　Affairs, 2011.

Obama, Barack. *The Audacity of Hope.* New York : The Crown
　Publishing Group, 2006.

Rae, Phil. Kalfayan, Leonard and Economides, Michael.
　The Energy Imperative. Houston : ET Publishing, 2010.

Ross, Michael L. "Will Oil Drown the Arab Spring?",
　Foreign Affairs, September/October 2011, Vol 90 No. 5

Spencer, Roy W. *Climate Confusion : How Global Warming
　Hysteria Leads to Bad Science, Pandering Politicians and
　Misguided Policies that Hurt the Poor.* New York : Encounter
　Books, 2008.

Stern, Nicholas. *The Global Deal : Climate Change and the
　Creation of a New Era of Progress and Prosperity.* New York :
　BBS Public Affairs, 2009.

Stansberry, Mark A. and Reimbold, Jason P. *The Braking Point :
　America's Energy Dreams and Global Economic Realities.* Tulsa :
　Hawk Publishing, 2008.

Tucker, William. *Terrestrial Energy.* Washington : Bartleby
　Press, 2008.

Yergin, Daniel. *The Prize : The Epic Quest for Oil, Money & Power.*
　New York : Free Press, 1991.

------------ *The Quest: Energy, Security, and the
　Remaking of the Modern World.* New York : Penguin Press, 2011.

Zakaria, Fareed. *The Post-American World.* New York :
　W.W. Norton & Company, 2011.

Zubrin, Robert. *Energy Victory.* New York : Prometheus Books,
　2009.

에너지 자원의 위기와 미래

2013년 1월 10일 인쇄
2013년 1월 15일 발행

저   자 : 조윤수
펴낸이 : 이정일

펴낸곳 : 도서출판 **일진사**
www.iljinsa.com
140-896 서울시 용산구 효창원로 64길 6
전화 : 704-1616 / 팩스 : 715-3536
등록 : 제1979-000009호 (1979.4.2)

값 **14,000** 원

ISBN : 978-89-429-1338-1